生物をシステムとして理解する

細胞とラジオは同じ！？

久保田浩行 [著]

コーディネーター　巌佐　庸

KYORITSU
Smart
Selection

共立スマートセレクション
27

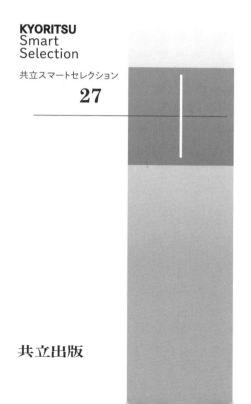

共立出版

まえがき

　私の専門は，生物学の中でもシステム生物学という生物実験とコンピュータの手法を用いて生物を理解しようとする分野です．しかし，私が大学院生の頃（2000年前後）はこのような分野はなく，初めから両方の手法を用いて研究していたわけではありませんでした．その頃の私の専門分野は，生命現象を分子レベルの視点で解き明かそうとする分子生物学でした．当時はまだ，今のようにコンピュータは一般的なものではなく，特段（通常の）生命現象を研究する上で必須なものではありませんでした．

　近年，生物学の世界においても大量のデータが取得できるようになり，そのデータを処理し，理解するためには人の思考だけでは難しくなりつつあります（今では分析機器を制御するのにさえコンピュータを用いますが，私が大学院生の頃はほとんど使用されていませんでした）．これを客観的に補ってくれるのがコンピュータであり，その処理能力は人を上回ります（個人的に，直観という観点においては人のほうが優れていると考えています）．よって，このような情報の処理にコンピュータの力を用いることはある意味当たり前の流れに思えます．

　しかし私は，システム生物学を用いて生物を理解する醍醐味は，情報処理をコンピュータに手伝ってもらうというのとは別にあると考えています．それは，生物を理解する「考え方」です．これが本書のタイトルを『生物をシステムとして理解する―細胞とラジオは同じ!?―』にした理由です．この本を手にとった皆さんは「細胞

とラジオが同じ」といわれてどう思われますか？ 不思議に思いますか？ 当たり前だと思いますか？

　本書ではこの「考え方」を中心に，システム生物学が通常の生物学とどのように違い，面白く，そして今後の生物学の発展にどのように貢献できるのか，生物学を教育背景としながらシステム生物学の世界に飛び込みそして魅了された私の経験や考えを中心に，実例を挙げながら説明していきたいと思います．この本を読み終わった後，「生物を理解するのにこのような考え方があるのか！」と少しでも思っていただいたなら幸いです．

　最後に，本書は異なる教育背景をもつさまざまな人に読んでいただきたいと思っています．今後の生物学にはさまざまな知識，そしてそこから生まれるであろう新たな学問が必要になります．そのために，生物学に興味を抱く異なる教育背景をもった研究者の参加が必須です．この本を手にとり，生物学の世界に飛び込み，新たな学問領域を開拓してくれる人が少しでも増えることを祈っています．

2018 年 6 月

久保田浩行

目　次

① 通常の生物学とは？ ……………………………………… 1

1.1 通常の生物学　1
- **1.1.1** 膨大な数の分子からなる生命現象　1
- **1.1.2** 生命現象の理解にはDNAという設計図だけで十分か？　7
- **1.1.3** どうやって組み立て図のない機械（細胞）を理解する？　8

1.2 生物は数多くの部品からできている　15
- **1.2.1** RNAを網羅的に測定する　15
- **1.2.2** タンパク質の相互作用を網羅的に測定する　19

1.3 酵母の研究へ　21
- **1.3.1** 酵母の研究で経験した成功と挫折　22
- **1.3.2** 国際会議への初めての参加　23

② システム生物学との出会い ……………………………… 25

2.1 システム生物学とは？　25
- **2.1.1** 出会いは突然？　25
- **2.1.2** ネットワーク（配線）が生命現象を制御する？　27
- **2.1.3** システム生物学で何を明らかにしたいか？　27
- **2.1.4** 異分野の研究者との議論は難しいが面白い！　29

2.2 分子の時間パターンによる制御って？　30
- **2.2.1** 分子の時間パターンの重要性　31
- **2.2.2** 分子のパターンを微分方程式で表現する　32

2.3 ネットワーク構造が生み出す特性　35
　2.3.1 ネットワーク構造とは？　35
　2.3.2 前向きな（フィードフォワード）制御　37
　2.3.3 フィードバック制御　55

③ 細胞とラジオのシステムは同じ!?　62

3.1 ホルモンによる生体応答の制御　63
　3.1.1 ホルモンの分泌パターンには意味がある？　64
　3.1.2 インスリンの血中パターン　65
　3.1.3 食べ方によるダイエット効果はあるか？　67
3.2 インスリンの研究へ　68
　3.2.1 どうやって研究を始めるか？　69
　3.2.2 実験データを取得する　72
3.3 微分方程式モデルを作成する　77
　3.3.1 良いモデルとは？　77
　3.3.2 微分方程式モデルの作成に必要なもの　81
　3.3.3 実験データを再現する微分方程式モデルの作成　84
3.4 インスリンパターンに注目した研究でわかったこと　90
　3.4.1 培養細胞レベルではインスリンの波形によって下流の分子を選択的に制御できる　90
　3.4.2 個体レベルでもインスリンの波形によって下流の分子を選択的に制御できる　103

④ 細胞を丸ごと理解する　107

4.1 一部の部品からラジオの機能を理解できるか？　107
4.2 個別研究を持ち寄って全体を理解できるか？　108
4.3 網羅的なオームデータをつなげて細胞を理解する？　110
4.4 実験データを用いてネットワークを再構築する　113
　4.4.1 インスリン応答のネットワークを再構築する　113
　4.4.2 多階層にまたがるネットワークの推定から

　　　　　　わかったこと　120
　　　　4.4.3 トランスオミクス解析が意味するもの　123
　4.5 トランスオミクス解析の今後　123

⑤ システム生物学の将来　126

5.1 数式を用いて生物を表現・理解するのは必然の流れ　126
5.2 実験データが重要　128
5.3 統計的手法を用いた研究方法　129
5.4 システムの理解の次は予測と制御　132
5.5 生物学のための数学？　134
5.6 読者の皆さんへ　137

参考文献　139

謝　辞　140

時間パターンとネットワークの分子生物学
（コーディネーター　巌佐　庸）　141

索　引　148

Box

1. 細胞内における信号（シグナル）の伝達 ……………………… 5
2. 連鎖解析 (linkage analysis) の原理 ……………………………… 9
3. FDD（fluorescent differential display）の原理 ……………… 12
4. マイクロアレイ測定の原理 …………………………………… 17
5. イーストツーハイブリッド法の原理 ………………………… 19
6. ウェスタンブロッティング (WB) の原理 …………………… 74
7. 次世代シークエンサーによる遺伝子発現変動解析の原理 ……… 102

①

通常の生物学とは？

1.1 通常の生物学

　最初に，いわゆる「通常の生物学」について，私の経験と主観に基づきお話ししたいと思います．生命現象を理解する学問つまり生物学，と聞いて皆さんはどのような内容を想像するでしょうか？がんといった病気，増殖や分化といった細胞の機能，個体の発生や成長，思考を司る神経などの研究でしょうか？　一言で「生物学」といっても，このように多くの対象（分野）と手法が存在し，上記以外にもさまざまな分野があります．

1.1.1 膨大な数の分子からなる生命現象

　すべての生命現象は，細胞内に存在している膨大な種類の分子によって制御されています．この膨大な種類の分子は，遺伝情報が書き込まれた設計図である「DNA（デオキシリボ核酸）」や，DNAに書き込まれた情報を読み出す「RNA（リボ核酸）」，そして主に

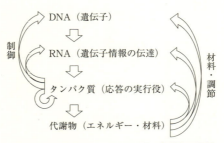

図 1.1 DNA, RNA, タンパク質, 代謝物の関係
古くは, 遺伝子の情報は DNA から RNA, タンパク質へ一方通行で伝達されるものだと考えられていた. しかし, 近年の研究から矢印のとおり, 一方通行というよりむしろ複雑に制御されていることが明らかになりつつある.

細胞応答の実行役である「タンパク質」といったものに大まかに分類することができます(**図1.1**). また, 生命は外部からエネルギーや細胞を作るための材料を取り込む必要があり, これらはさまざまな形に変換され, その一部は DNA・RNA・タンパク質・細胞膜などの材料になります. これらの小分子は「代謝物」と呼ばれ, 上記の3種の分類に加えて細胞を構成する分子の大きな一角を占めます. 外部からエネルギーや材料を取り込む以外, 細胞内の応答はすべて細胞内の分子によって制御されています(図1.1).

細胞という「工場」は, エネルギーと材料以外は工場内の「機械」, そして「工場」自身も自分で作成(合成)しており, その機械が生み出す「製品」によって細胞(工場)は活動し, 増殖することができます. そしてご存知のとおり, この機械を構成する「部品」の設計図はすべて DNA に書き込まれています. DNA に機械を構成する「部品」の情報がすべて書き込まれているといっても, どのように書き込まれていると思いますか?

DNA に使われているデオキシリボ核酸, つまり「文字」の数は4種類しかありません(**図1.2**). DNA は, タンパク質の情報が暗

- DNA の「文字」
    - A（アデニン）
    - T（チミン）
    - G（グアニン）
    - C（シトシン）

- RNA の「文字」
    - A（アデニン）
    - U（ウラシル）
    - G（グアニン）
    - C（シトシン）

- タンパク質の「文字」

A（アラニン）　C（システイン）　D（アスパラギン酸）E（グルタミン酸）
F（フェニルアラニン）　G（ググリシン）　H（ヒスチジン）　I（イソロイシン）
K（リジン）　L（ロイシン）　M（メチオニン）　N（アスパラギン）　P（プロリン）
Q（グルタミン）　R（アルギニン）　S（セリン）　T（スレオニン）　V（バリン）
W（トリプトファン）　Y（チロシン）

gccatcaagcaggtctgttccaagggcctttgcgtcagatcactgtccttctgcc<u>atggccctgtggatgc</u>
<u>gcctcctgcccctgctggcgctgctggccctctggggacctgaccagccgcagcctttgtgaaccaacac</u>
<u>ctgtgcggctcacacctggtggaagctctctacctagtgtgcgggaacgaggcttcttctacacacccaa</u>
<u>gacccgccgggaggcagaggacctgcaggtggggcaggtggagctgggcgggggccctggtgcaggcagc</u>
<u>tgcagccctggccctggagggctccctgcagaagcgtggcattgtggaacaatgctgtaccagcatctgc</u>
<u>tccctctaccagctggagaactactgcaactag</u>acgcagcc

図 1.2　生物が使う文字とインスリンの配列

(A)DNA, RNA, タンパク質の文字．いくつかの表記法のうち，上記は 1 文字による表記を記載している．(B) インスリンの mRNA の配列．下線部はタンパク質に翻訳される箇所を示す．

号化されたいわゆる「遺伝子」と呼ばれる領域（部品），遺伝子ではないが RNA の発現に重要な「調節領域」，そしてそのいずれでもない領域（現在のところ意味がないと考えられている）に簡単に分けることができます．しかし，これらの領域を明確に区別することは難しい課題です．例として，本書にも出てくるインスリンの mRNA の配列を挙げました（図 1.2）．タンパク質の情報が書き込まれている配列部位を下線で示しています．ちなみに，ほとんどの遺伝子は ATG で始まります（ATG はメチオニンに対応します）．ですので，ATG を探せば遺伝子の初めの可能性があります．しかし，インスリンの例でも ATG は 3 カ所あります．たとえ ATG で始まるとわかっていても，その領域を探し出すのは至難のわざです．

このように，4 文字で書かれた暗号から「部品」の設計図の位置を正しく解読しなくてはなりません．これまでの先人たちの研究に

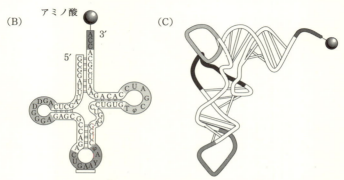

図1.3 RNA配列に書き込まれた組み立て方の情報（イメージ図）
(A)tRNAの一次配列，(B)塩基間の相互作用，(C)tRNAの三次元構造．

よって暗号を読み解く手がかりの多くは手に入れられたと考えられています．しかし，すべてが手に入れられたわけではありません．DNAに工場の部品の設計図が書き込まれている一方で，その部品がどのように組み立てられるかについても記載されていません（ひょっとしたらその情報も記載されているのかもしれませんが，現在そのような手がかりは得られていません）．また，この機械も1種類で生命現象を制御しているわけではなく，複数種の異なる機械が順番に機能することで生命現象が制御されています．ほとんどの部品はそれ1つで役に立つわけでなく（数は少ないですが，部品1つで役割をもつ場合もあります），多くの部品が組み合わさり，機械となることで機能をもつことができます．

この組み立て方の情報は，RNAやタンパク質の「化学的性質」やこれらの分子のリボ核酸やアミノ酸の「順番」に書き込まれています（**図1.3**）．「順番」というのはそのままの意味であり，RNAで

あれば4種類のリボ核酸の順番を，タンパク質であれば20種類のアミノ酸の順番を意味しています．たとえば，リボソームと呼ばれるmRNAからタンパク質に翻訳する重要な機械は，数百のアミノ酸からなる数十個の部品から構成されています．このような細胞内の機械の組み立てには，部品（分子）同士が原子レベルで結びつく「共有結合」以外にも（むしろこちらのほうが少ない），水素結合，ファンデルワールス力，イオン相互作用が使われています．また，分子が三次元の複雑な立体構造をとることで分子表面の状態が決まります．これらの分子の表面同士がやはり同様に複雑な相互作用をすることで安定な構造を保ち，部品が1つずつ組み込まれることで機械が組みあがります．

相互作用というと，機械における部品同士の安定な相互作用を想像する人が多いと思いますが，組みあがる機械だけでなく，その機械が材料をもとに作り出す製品（たとえば酵素反応による代謝応答や細胞内の信号の伝達〈シグナル伝達〉に重要なリン酸化・ユビキチン化などのタンパク質の修飾）を作る過程でも相互作用が必要になります（機械が材料と接しない限り製品は生産できません）．

Box 1　細胞内における信号（シグナル）の伝達

　細胞は，細胞膜によって外界から隔離されています．そのため，外界の変化（栄養状態や温度）や刺激（ホルモンなどによる指令）に応答するためには，外界の情報を，細胞内に伝達するための「信号（シグナル）」に変換する必要があります．機械において電気信号が情報を伝達するように，細胞内においてシグナルを伝達する分子群がシグナル伝達経路と呼ばれる分子群です．この分子群においてシグナルを伝達するのが，リン酸化やユビキチンといったシグナル伝達経路の分子を修飾する反応です．

　リン酸化というのはリン酸基と呼ばれる修飾であり，多くのタンパ

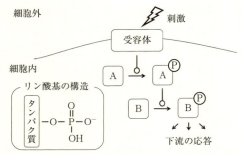

図　細胞内におけるシグナルの伝達（概念図）とリン酸基

細胞外からのシグナルは受容体を介して下流の分子をリン酸化することで信号を伝え，下流の応答を制御している．リン酸基は図のように負に帯電していることが多い．

ク質がリン酸化されています．リン酸化されるアミノ酸は決まっていて，20種類のアミノ酸の中でセリン，スレオニン，チロシンの3つのアミノ酸だけリン酸化されます（**図**）．リン酸基は負に帯電し，多くの分子とイオン相互作用したり反発したりするために，タンパク質の立体構造に大きな影響を与えます．これによりいくつかのタンパク質では，タンパク質の機能をもつ「活性化部位」が露出したり隠されたりすることでそのタンパク質の活性が調節されています．この活性の調節を異なるタンパク質間で連続的に使うことで，細胞は下流の応答を制御しているのです．このように，細胞内においてあたかも信号を伝達しているように，活性のONとOFFが伝達されていきます．

　リン酸化による信号の伝達は，その他にも転写因子と呼ばれる遺伝子発現を制御する分子の活性を制御することで，遺伝子発現の量も制御しています．そして遺伝子発現の量が変動すると，それに伴いタンパク質の発現も変動すると考えられています．このように，細胞内におけるシグナル伝達経路は細胞内のさまざまな生命応答を制御しています．

1.1.2 生命現象の理解にはDNAという設計図だけで十分か?

DNAは設計図であることから,そこから読み解かれるRNAやタンパク質の配列(一次構造)を推定することはできます(**図1.4**).もちろん,これだけでも非常に有用な情報を提供してくれます.先にも述べたとおり,DNAという設計図はすべて明らかになっていても解読されているわけではありませんし,RNAにも制御の情報が組み込まれています.このように,生命現象を理解するにはDNAという設計図を理解し読み解くだけでなく,RNAやタンパク質,代謝物といったすべての分子の性質を明らかにする必要があります.近年,タンパク質だけでなくRNAにもさまざまな機能があることがわかってきています.生物学の目的の1つは,これらすべての機械の部品としての機能を明らかにすることです.ここでの機能とは,どんな分子と相互作用し,相互作用した分子にどのような作用を及ぼすのか(酵素反応,反応を仲介する「足場」としての相互作用など),そしてそれが生命現象にどのようにかかわっているかなどを意味しています.

配列

DNA ATGGCCCTGTGGATGCGCCTCCTGCCCCTGCTGGCGCTGCTGGCCCTCTGGGGACCT

RNA AUGGCCCUGUGGAUGCGCCUCCUGCCCCUGCUGGCGCUGCUGGCCCUCUGGGGACCU

タンパク質 M A L W M R L L P L L A L L A L W G P

図1.4 DNA,RNA,タンパク質の対応関係

図1.2のインスリンの配列の一部を例に示す.DNA,RNAの3つの塩基で1つのアミノ酸を意味する.

1.1.3 どうやって組み立て図のない機械(細胞)を理解する?

皆さんは組み立てるための組み立て図がない機械に対してある部品の役割を理解しようとした場合,どのような方法を考えるでしょうか? まず機械をすべて分解して,部品の種類を明らかにしたいという考えがあるでしょう.しかし実は,細胞を一種類ずつの部品に分解することは難しいのです.このような,分解するのも難しい状況で,おそらく最も簡単でかつ効果があると考えられるのは,外せる部品を外して,その部品を外したことによる機械に対する影響を調べることでしょう.部品を外すことでその本体の機械の役割にどのような影響を及ぼすのか? その効果を理解することで,部品の役割が推定できるでしょう.たとえば,その部品を外してある特定の機能だけ失われるのか? それとも,機械が完全に動かなくなるのか? もし,部品を外すことによってある特定の機能が失われるのなら,その部品はその機能にとって重要な部品であるということが「推測」されます.それは生物でも同じです.

このような考えをもとに,遺伝子の数さえわからなかった私が学生の頃から,遺伝学的・分子生物学的手法を用いて部品たる遺伝子を同定する遺伝子探索(gene hunting)が盛んに行われていました.たとえば,連鎖解析(linkage analysis)という遺伝子探索が行われ,アルツハイマー病やハンチントン病,筋ジストロフィーといった遺伝的要因の強い病気の原因遺伝子が数多く同定されました.

私は大学院生として,ヒトゲノムプロジェクトの牽引者のひとりである榊佳之先生の研究室に所属していました.実際に,その研究室の先輩方は病気などに関与する遺伝子を同定する研究を行っていました.ここで注意してほしいのは,その遺伝子は目的とする表現型に関与するということだけであり,その分子が実際にどのような生物学的な機能をもつかは遺伝子の同定後も不明のままであるとい

うことです.

> ## Box 2 連鎖解析 (linkage analysis) の原理
>
> 連鎖解析とは,目的とする遺伝子がどの染色体のどの位置に存在するのかを調べる手法です.染色体上の位置が明らかになっているある遺伝子 X があるとします.もし,この遺伝子 X と目的とする遺伝子 Y が離れた場所(たとえば異なる染色体)に存在すれば,遺伝子 X と Y は独立に挙動し,メンデルの法則に則って子孫に受け継がれます.一方で,もし遺伝子 X と Y が近い場所,たとえば隣同士だと考えると,遺伝子 X と Y はほぼ同じように子孫に受け継がれます.つまり,目的の遺伝子 Y と同じように子孫に受け継がれる既知の遺伝子 X を見つけることができれば,目的の遺伝子 Y の位置が推定できます.
>
> 特にモデル生物においては,薬剤や X 線といった人為的な方法によって遺伝子変異をランダムに導入することができます.モデル生物に対してランダムに変異を導入し,自分の興味ある表現型を示すクローンを単離します.真核細胞のモデル生物である出芽酵母を考えてみましょう.通常の培養条件では生存できるものの,あるアミノ酸を抜い
>
>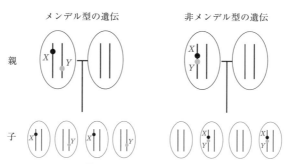
>
> 図 linkage analysis の原理
>
> X と Y という遺伝子が異なる染色体上に位置している場合はメンデル型の遺伝をするが,同一の染色体上に近接して位置している場合には X と Y は同じような挙動をする.

た培地では生育できない場合，変異はそのアミノ酸合成に関与しているでしょう．次に，この変異が導入された株を，別の変異をもちかつ異なる性をもつ株（変異の特徴と場所がわかっている変異をもつ株）とかけ合わせます．既知の変異と同じように子孫に受け継がれるなら，新たに同定されたアミノ酸合成に関与する変異（遺伝子）の位置を推定することができます．

　Box 2で連鎖解析を説明したとおり，このような方法を用いて，酵母などの比較的単純なモデル生物で多くの遺伝子が同定されました．これが，酵母のようなモデル生物において同じ名前を冠し数字の異なる遺伝子が複数存在する理由であり，同じ遺伝子が複数の名前をもつ理由でもあります．

　たとえば，CDC (cell division cycle) と呼ばれる遺伝子群はその名のとおり，細胞周期の異常を示す遺伝子群として複数同定されました．このように，その遺伝子が同定された由来により，複数の名前がついている場合があります．このため，たとえば $CDC2$ という遺伝子は $POL3$ や $HPR6$, $TEX1$ といった別の名前ももっています．これらの異なる名前は，この遺伝子が異なる手法を用いて別個に同定されたということを意味しています．また，CDC2はDNAポリメラーゼというDNAの複製に必要なDNA合成酵素ですが，CDC3は細胞質分裂に関与する分子です．つまり，同じCDCという名前を冠するといっても分子の機能は異なります．

　これは酵母のみならず，マウスやヒトの遺伝子についても同様のことがいえます．なぜなら，出芽酵母のような単純な生物も含め，遺伝子が同定されてもそのDNA配列は不明だからです．同定された遺伝子のDNA配列が明らかになることで初めてDNA配列が同一であることがわかり，同じ遺伝子であると結論することができます．このため，同じ遺伝子でも論文によっては異なる名前を使って

おり，理解や網羅的な解析が難しくなっている理由でもあります（このような理由から，最近では慣習的によく使われる名前を使うようになってきています）．つまり，部品がどの工程に属するのかがわかっても，その部品がその工程のどの機械の部品でどのような役割を担っているかは遺伝子を明らかにしただけでは不明のままです．もちろん，遺伝子の同定はそれを理解するための大きな一歩であることは疑いありません．

このように，遺伝子と表現型をつなげる解析が長い間盛んに行われたことにより，遺伝子＝表現型という考えが一般的になりました．この結果，「XX」という生命現象を制御する「遺伝子 X」というような理解（解釈）が広まりました．実際に私もシステム生物学の分野に飛び込むまで同じ理解をしていました．また，生命現象にかかわる遺伝子が数多く同定されてきたのと同様に，遺伝子の配列はすぐにわかりませんが，できるだけ網羅的に遺伝子発現の変化（RNA量の変化）を測定しようという試みも複数行われていました．

榊佳之先生の研究室においても，私の指導教員であった伊藤隆司先生が fluorescent differential display（FDD）という手法を開発し，研究を行っていました．私も FDD 法を用いて，アルツハイマー病の原因の1つである Aβ（アミロイド β タンパク質）による細胞毒性に関与する遺伝子の同定を行っていました．近年においては，脳組織における Aβ の異常蓄積（老人班）がもたらす神経細胞に対する毒性の研究と理解が進んでいますが，私が学生の頃は，Aβ の異常蓄積の意味と分子機構について全く不明でした．そこで私は神経のモデルのある培養細胞が Aβ に曝されることで，どのような遺伝子が変動し，細胞が死に至るのかを明らかにしようと研究を行っていました．

Box 3 FDD（fluorescent differential display）の原理

　fluorescent differential display (FDD) とは，網羅的に相対的な遺伝子発現の比較を行う手法です．網羅的といっても任意の遺伝子を測定できるわけではありません．ここで肝となるのは蛍光標識されたランダムな配列をもつ「プライマー」を用いて遺伝子を増幅するというものです．図1を参照してほしいのですが，プライマーはその配列依存的に DNA や RNA に結合することができます．そこにポリメラーゼという酵素を加えることで，プライマーを起点として DNA または RNA の相補的な配列を合成します．この反応を繰り返し行うことで，プライマーに挟まれた任意の配列を指数的に増幅することができます（ここだけの過程は一般的に polymerase chain reaction (PCR) 法と呼ばれます）．

　プライマーの配列がランダムですので，増幅される遺伝子もランダムに選ばれます．ランダムに選ばれますが，いったん増幅が始まれば，

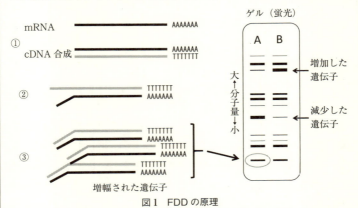

図1　FDD の原理

① mRNA からそれに相補的な cDNA を合成する．②合成された cDNA に対してプライマー（曲がっている線）を用い，さらにその相補鎖を合成する．③これを繰り返すことで任意の配列を増幅する．増幅された配列をゲルによって分離する．A と B で異なるバンドを変動した遺伝子として同定する．

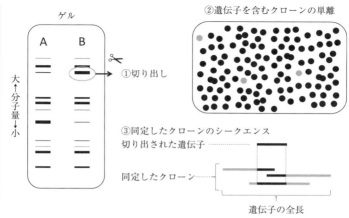

図2 遺伝子の同定
①変動した遺伝子を切り出す．②切り出した遺伝子を放射性同位元素などで標識し，その配列を含むクローンを単離する．③同定したクローンの配列をシークエンサーで決定する．

その配列群が特異的に増幅されます．この増幅された単一遺伝子由来の配列が，標識された蛍光によって「バンド」として検出されます．これにより，Aβ を添加した細胞としていない細胞の遺伝子の発現量（このように比較対象となる実験を対照実験と呼びます）を比較することで，Aβ の添加によって増加または減少した遺伝子を検出できます．対照実験に比べ発現量が変動した遺伝子が，Aβ の添加によって変動した遺伝子となります．私の研究の目的は，Aβ 特異的に遺伝子の発現量が変動し，かつ細胞死に関与する遺伝子群を同定することでした．そこで次に，バンドを切り出し，クローニング，配列を決定することで，増幅された遺伝子の一部を明らかにすることができます．

しかし，これだけでは遺伝子を同定したことにはなりません．なぜなら，この時代にはまだヒトやマウスといったゲノムの配列がすべて解読されていないため，得られた一部の遺伝子配列から全遺伝子情報が記載されたデータベースを用いてその全体像を明らかにするこ

とができないからです(ただし,National Center for Biotechnology Information (NCBI) には expressed sequence tag (EST) と呼ばれる遺伝子の一部の配列情報が蓄積されつつありました).そこでたとえば,ファージなどにランダムに導入された遺伝子配列のライブラリーに対し,放射性同位元素で標識された目的の配列を用いてその配列を含んだ遺伝子の断片を含むクローンを同定し,そこに入っている遺伝子の断片を明らかにする必要がありました(**図 2**).この作業を遺伝子の全長が同定できるまで繰り返すことでようやく遺伝子を同定することができます.

Box 3 で説明したとおり,FDD による特定の生命現象に関与する分子の同定の説明は大して難しくありませんが,これらは非常に大変な作業です.実際に私もこの作業で苦労し,多くの時間を割いていたのを覚えています.しかし,さまざまなゲノムの情報が解読された現在において,このような作業はほとんど必要なくなりました.

だからといって,この経験が無駄だと思っているわけではありません.その時々において最高の研究を行うことがその後の研究の発展にもつながりますし,何よりこの時に培った技術や考え方,そして苦労は現在の私に大きな影響を与えています.特に,その時代ごとの考え方や手法を改良・発展させることで新しい考え方や手法を開発することは非常に重要だと考えています.なぜなら,それがこれまで行われてきた科学の発展であり,研究を行う醍醐味であり,一流の研究者になるために必要なことだからです.もちろん,結果も重要だと思いますが,このような過程を若い間に試行錯誤しながら経験することは非常に意義があると私は考えます.ちなみに,先に説明した Aβ による神経細胞死の研究において,十分に意義のある結果を得ることはできませんでした.

1.2 生物は数多くの部品からできている

ここまでで，DNAという設計図をすべて明らかにすることの重要性が理解できたと思います．これはあくまで恩恵の1つに過ぎず，実際にこのDNAという設計図を明らかにするゲノム研究が，生物学において大きなパラダイムシフトをもたらしました（興味のある方はそれに関する書籍を参考にしてください）．しかし，実際の生命現象はDNAだけで説明することはできません．そこには遺伝子情報を伝えるRNAや生命応答の主たる実行部隊のタンパク質が存在します．そして，これらを網羅的に測定する実験系が考案され，多くの成果を生み出してきました．

1.2.1 RNAを網羅的に測定する

生物は大きく分けて「原核生物」と「真核生物」に分類することができます（**図 1.5**）．原核生物はDNAを包み込む核膜がない生物であり，大腸菌が該当します．一方で，真核生物はDNAを包み込む核膜が存在し，単純な生物では酵母が，高等な生物ではヒトなども真核生物になります（多細胞生物は真核生物です）．同じ真核生物に分類される酵母もヒトも，興味深いことに細胞レベルでの基本的な機械の多くは共通しています．よって，ヒトを細胞レベルでの基本的な生命現象として理解する上で，古くから酵母がモデル生物として研究されてきました．

真核生物において初めてゲノムの配列がすべて明らかになったのは出芽酵母であり，その研究と解析によって，酵母の遺伝子の数がおよそ6000個であることがわかりました．これらの結果は，出芽酵母を機能させるためには6000個の部品（そこから読み出されるmRNAやタンパク質のそれぞれの種類）があれば十分であるとい

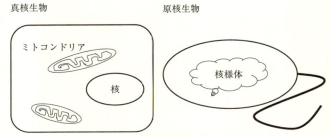

図1.5 真核細胞と原核細胞の違い
真核細胞ではDNAが核という構造物に包まれているが，原核生物では包まれていない．真核生物にはミトコンドリアという酸素呼吸を行いエネルギーを生産する場があり，原核生物の多くには鞭毛と呼ばれる移動に使われる器官がある．

うことを意味しています．これにより，それまで明らかにすべき遺伝子の数がわからなかった生物学に1つのゴールを見せることができました．6000個の分子の機能を明らかにすれば酵母を理解できるはずである，と．

これらのデータをもとに，6000個の遺伝子を1つずつ破壊し，その表現型を解析することで多くの遺伝子の機能が明らかになりました．逆に，6000個の遺伝子を過剰に発現することでもその機能を明らかにしてきました．また，遺伝子を破壊・過剰発現する以外にもある遺伝子の末端に特定の標識を1つずつに導入することで，細胞内の局在などの情報も網羅的に取得できるようになりました．さらに（ほぼ）すべての遺伝子が同定されたことで，すべての遺伝子発現を網羅的に測定する試みができるようになりました．これはマイクロアレイ測定と呼ばれる遺伝子発現解析であり（Box 4 図），その概念は現在の次世代シークエンサーによる網羅的発現解析に引き継がれています．

Box 4 マイクロアレイ測定の原理

　マイクロアレイ測定とは，遺伝子発現について網羅的に相対的な比較を行う手法です．DNAやRNAといった核酸の配列は，その相補鎖と安定な構造をとることができます．DNAとして合成された遺伝子の相補鎖をガラスなどの基盤に結合させ，目的となる細胞から抽出したRNAをもとに作成・標識されたcDNAを上からふりかけます（RNAは分解されやすい性質のため，一度安定性が高いDNAに変換させることで〈cDNA〉実験の安定度を上げます）．この方法により，ある状態AとBの網羅的な遺伝子発現の変動を検出できるようになりました．しかし，残念ながらこの方法では相補鎖との結合力が異なるため，異なる遺伝子間の発現量を比較することができません．つまり，「相対的な」遺伝子発現の違いは比較できますが，「絶対的な」遺伝子発現の比較はできません．

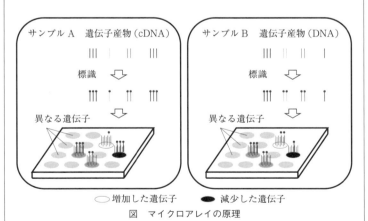

図　マイクロアレイの原理

比較するサンプルAとBからRNAを抽出，cDNAを合成する（Box 3 図1 ①）．合成したcDNAを，特定の色を発する物質で標識する．異なる遺伝子の相補鎖を張りつけたガラス版にそれをふりかける．張りついた量は遺伝子の発現量に比例し，その量を比較することでAとBで発現量が異なる分子を同定できる．

これらの方法によって，酵母においては6000種というRNA量（遺伝子の発現量）の違いを1つの実験により検出できるようになりました．一見非常に有用に思えますが，6000個のデータは，ヒトの思考では処理することができない大きさです．なぜなら興味ある条件を実験対象のサンプルと比較した場合，数百にものぼる遺伝子が変動するからです．

　たとえばある遺伝子を欠失させ，変動する遺伝子を同定し，その遺伝子に関与する現象や遺伝子を，変動した遺伝子群から同定する場合を考えてみましょう．たしかに，その遺伝子に関与する分子は変動します．しかし興味深いことに，生物はその状態（遺伝子が欠失した状態）が増殖や生存に不利な場合，残った遺伝子を用いてできる限り有利になるように変化します．「変化する」ということは，遺伝子の発現などを変化させることにほかなりません．つまり，その遺伝子に関与する遺伝子だけでなく，他の遺伝子も変動してしまうのです．

　残念ながら，少なくともこの時代（2000年前後）に，ある遺伝子の欠失がもたらす数百の遺伝子変動という因果関係をすべて説明することはできませんでした（2018年の現在においてもほぼ同じです）．そこで，研究者は欠失させた遺伝子に関与する遺伝子を同定するために，変動した遺伝子を欠失させた遺伝子に関与する「候補」として，次の確認（検証）実験を行いました．単純な例として，得られた候補遺伝子を同じように欠失させます．そして興味ある遺伝子と同じような表現型を示せば，その同定された遺伝子は興味ある遺伝子と同じような生命現象に関与する遺伝子として同定することができます．

1.2.2 タンパク質の相互作用を網羅的に測定する

同じ頃，網羅的な生物の「分子」の役割を明らかにするために，イーストツーハイブリッドという2種類のタンパク質が酵母細胞内で相互作用するかどうかを検討する手法が盛んに行われていました（Box 5）．このような実験系を用いて，榊・伊藤先生を含めたいくつかの研究グループが，酵母の全ゲノム配列をもとに6000個の遺伝子について，1つ1つ総当たり戦で相互作用するかどうかを検討しました．これにより初めて，細胞内のタンパク質の相互作用の全体像が網羅的に明らかになりました．1つ注意してほしいのは，これにより相互作用の全体像は垣間見えたものの，完全な全体像が明らかになったわけではありません．なぜなら，6000個の相互作用は遺伝子の全長を用いているからです．

相互作用は常にしていれば良いというわけでもありません．ある特定の条件，たとえばある刺激が入力された場合に相互作用する分子は数多く存在します（その逆も存在します）．この場合，遺伝子の全長を用いても相互作用は検出されません．なぜなら刺激のない状態では，同一タンパク質内の一部が相互作用する一部を隠している場合があるからです．上記の全長を用いた総当たり戦では検出することができません．

これら網羅的相互作用の研究により，タンパク質は「均等な数の分子と」相互作用しているのではなく，ある少数の分子が多数の分子と相互作用し，多数の分子は少数の分子としか相互作用していないことがわかりました．このような関係性は，Webページのリンクの関係性などに見られる構造です（図2.4参照）．

Box 5 イーストツーハイブリッド法の原理

イーストツーハイブリッド法は，酵母を用いて特定のタンパク質同

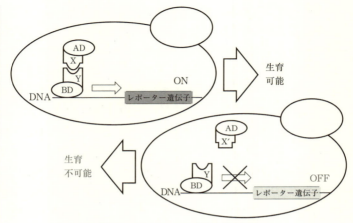

図　イーストツーハイブリッドの原理

タンパク質 X と Y が相互作用すると AD と BD が物理的に近づくため，下流のレポーター遺伝子が発現する．これにより酵母は生育できるが，相互作用できない組み合わせでは生育できない．

士が相互作用するかどうかを検討する手法です．転写因子と呼ばれる遺伝子発現を誘導するタンパク質は，大まかに述べれば，activation domain (AD) と binding domain (BD) という部位からなります．AD は転写因子としての機能（結合した下流の遺伝子を発現させる）を活性化する部位であり，BD は転写因子が DNA の特定の領域に結合するための部位です．

　ここで，ある特定の転写因子の AD と BD を物理的に切断します．興味深いことに，切断されたとしても AD と BD が近接した場合，元の転写因子としての機能を回復することができます．そこで次に，この AD にさまざまな遺伝子断片が挿入されたライブラリーを作成します（図中の X）．その一方で，BD には自分の興味ある相互作用を検討したい遺伝子断片 Y を挿入します．もし，X と Y が相互作用すれば，AD と BD は物理的に接近し，切断前のタンパク質のように下流のレポータ遺伝子を発現できます．

> レポータ遺伝子とは，相互作用したことを教えてくれる遺伝子のことです（日本語でいえば報告者などと訳します）．このレポータ遺伝子にひと工夫し，レポータ遺伝子が発現すると特定の栄養を作れるようにし，生育できるようにしておきます．すると，XとYが相互作用した酵母のみ生育できます．そして，生育した酵母を単離し，Xの遺伝子の配列を明らかにすることにより，Yと相互作用する分子が同定できます．

このようなゲノム情報を利用した網羅的な手法により，今まで「確率的」または「運」に頼っていた（変異の導入や遺伝子の同定は確率に左右されます）同定が（少なくとも遺伝子と同定された分子に関しては）確実に行えるようになりました．このような解析手法は，ヒトやマウスゲノムが明らかになった後にはこれらの生物にも応用されています．そして，現在は次世代シークエンサーと呼ばれる，新たなDNAやRNAの核酸配列を読む技術が開発され，確率的でありながら大量のデータを取得することでこの問題を解決し，多くの成果を生み出しています．

1.3 酵母の研究へ

このような世界の潮流の中で，私を直接指導してくださっていた伊藤隆司先生が酵母の研究を開始したことと，「全ゲノムデータが明らかになっている」という有用性を肌で感じたため，博士進学と同時にAβによる神経細胞死の研究から酵母の研究へと大きくテーマを変更する決意をしました（Aβの研究が行き詰まっていたのも理由の1つです）．もちろん，周りで誰も酵母の研究を行っていない環境で大きくテーマを変更するのには苦労もありましたし戸惑いもありました．しかし，全ゲノムが明らかになっているという研究環境，かつ，遺伝子欠損やゲノム改変など，培養細胞ではできない

ことができるという実験上の優位性（この頃は今と異なり，培養細胞において遺伝子の改変は非常に難しいものでした）が，私を酵母の実験に惹きつけました．

1.3.1 酵母の研究で経験した成功と挫折

酵母の研究に身を移した私は，酵母からヒトにまで保存されているmRNAからタンパク質を合成する「翻訳」の制御に関する研究を行っていました．酵母の研究に身を移してから現在のシステム生物学の研究に移るまでの7年間で，3つの論文を筆頭著者として英文雑誌に投稿し，科研費も獲得することができました．一般的に見れば，これはなかなか良い結果です．しかし，実際は3つの論文については多くの辛酸を嘗めました．実験自体は順調に進んだのですが，いざ論文を執筆する段階になって他の研究室から同じ結論の論文が出されてしまったのです．

3つの論文についてそれぞれ同じような結論の論文が発表された直後は，非常にショックを受けました．特に，3本目の論文については「こんどこそは！」と思っていたからです．それぞれの論文において研究の厳しさを実感したと同時に，今まで行ってきた研究が無に帰したように感じました．しかし，結論は同じでもそれに行きつくまでの過程は異なりました．このため，他の研究者から発表されたとはいえオリジナリティはありました．それでも，インパクトは低いものにならざるを得ませんでした．

このように酵母を用いて研究を行い，多くのデータを取得し，多くの論文を読みながら気づいたことがありました．それは先にも述べたとおり，遺伝子に関する多くの網羅的データが得られたとしても，実際には得られた結果を述べるだけか，解釈を行うにしても一部の分子に注目し，機能解析を行うだけであるということでした．

もちろん，その後検証実験を行い，網羅的に得られた結果の妥当性を明らかにした研究も数多くあります（繰り返しになりますが，これらは生物の目的の1つです）．このように酵母を用いた研究を行うことで，網羅的な研究を経験し，分子生物学をしっかり学んだと同時に，生物学に対する考え方や疑問も学びました．これらの経験が，この後に述べる私の研究人生に大きな影響を与えたことはいうまでもありません．

1.3.2 国際会議への初めての参加

この頃に私の研究人生に影響を与えたものがありました．それは初めて国際学会に参加したことです．この国際学会はアメリカのコールド・スプリング・ハーバー研究所で行われたものでした．この研究所は非常に有名かつ優秀な研究所であり，ノーベル賞受賞者も複数輩出しています．また，DNAの二重らせんを発見したひとりである，ジェームス・ワトソンが所長を務めたこともあります．この学会の参加が2度目の海外旅行であり，さらに1人で行った初めての海外旅行でした．非常に心細いものでしたが，その心細さもだんだんと薄れていきました．

心細さが薄れた理由の1つはもちろん，国際会議で発表される内容でした．世界中の研究者が参加する会議はそれはエキサイティングなものでした．もう1つは海外の研究者との交流でした．その頃の私は英語に自信がもてず不安でしたが，ほとんどの研究者は非常に好意的で，私のつたない英語もなんとか聞いてくれようとしていました．その時私は，たとえうまく話せなくても，良い研究をすれば他の研究者は一生懸命聞いてくれるんだと強く感じました．

もう1つ感じたのは，海外研究者のタフさでした．朝から夜まで学会で缶詰になった後，彼らの多くはパブでお酒を飲みながら交流

を深めているのです！ 初めての海外での学会参加，そしてお酒に弱いために，さすがに私は夜の飲み会までは参加できませんでしたが，4日の会期中3日連続で飲んでいるのには驚きでした．その後，いくつもの国際学会に参加しましたが，大体同じようなものでした．

システム生物学との出会い

2.1 システム生物学とは？

酵母を用いた，いわゆる「こてこて」の生物学を行っていた2000年前後の私にとって，システム生物学は全く縁のない領域であり，聞いたこともありませんでした．そんな私がシステム生物学という領域を知り，飛び込んでいったのはそれこそ偶然の出会いからでした．

2.1.1 出会いは突然？

私がシステム生物学に出会ったのはちょうどこの頃，2005年頃です．ある日，私が1日の大半を過ごしている実験室の隣の講義室で面白い遠隔授業を行っているということを小耳に挟みました．それは，数学を使って生物を理解しようという授業でした．それまでの私は，「遺伝子＝生物応答」という考えが当たり前の生物学にどっぷり浸かっていました．そんな私にはこのような考えを全く想像

できず，非常に興味が湧いてきました．読者の皆さんはどうでしょうか？　工学系の方ならそうは思わないでしょうか？　生物系の方ならこの感覚を理解できるでしょうか？　この本が出版され，ある程度の年月が経ち，読者の皆さんが「えっ，少し昔の生物学者はそうだったの？！」となる時代がきていると良いのですが．

　このような環境で，遠隔授業という授業形態も私の背中を押してくれて，実験の合間になるべく時間をとってその授業を受けていました．この授業こそが，後にその研究室に移籍することとなった黒田真也先生の授業であり，この時はそのおよそ半年後に黒田研究室に在籍することになるとは露ほども思っていませんでした．もちろん，黒田先生の研究室に応募したのはその講義を受けていたからであることはいうまでもありません．縁というものは不思議なものです．

　もし，読者の皆さんが研究を志す学生やポスドクなどの若手の研究者なら，ぜひ積極的に，いろいろな研究室が主催している「セミナー」や「研究会」といった「研究発表の場」に参加してください．このような「セミナー」や「研究会」は授業とは異なり，1回きりの短い研究発表です（このようなセミナーは大体1時間〜1時間半程度です）．だからこそ，専門的な内容かもしれませんが，内容の濃い発表が集中して聴けます．そこで自分の興味ある研究分野，将来研究してみたいこと，自分の現在の研究が応用できる研究をぜひ探してほしいと思います．もちろんそれだけではなく，発表のしかたや話し方を一流の研究者から「教わる」のではなく，「見て学ぶ（＝盗みとる）」のにも非常に役に立つと思います．そして，ひょっとしたら私のように将来の研究を一変する出会いがあるかもしれません．

2.1.2 ネットワーク（配線）が生命現象を制御する？

次に，私が黒田真也先生の授業を受けて印象深く感じた内容について先に少し触れておきます．実例については後述します．黒田先生の授業はシステム生物学という学問領域であり，端的にいえば，数式を用いて生命現象を理解・説明する授業でした．もちろん，数式で生命現象が表現できるということも印象強いものでした．しかし，私にとって最も印象深かった内容は，生物をシステムとして理解するという「概念」でした．このような考え方の場合，分子それ自身に意味はなく，分子間の関係性によって生命現象が説明できるというものでした．つまり，分子自体が生命現象を司っているのではなく，分子によって伝達される情報のようなものが処理されて生命現象が決定されるのである，と．もし皆さんが生物学の世界に触れたり授業などを受けたりしたことのない方なら実感が湧かないかもしれません．しかし，前述したような「遺伝子＝生命現象」という教育を受け，経験を重ねてきた私にとって，その考え方は非常に衝撃的でした．

2.1.3 システム生物学で何を明らかにしたいか？

生物学の目標の1つは，細胞内に存在する分子のすべての機能を明らかにすることです．その目標に疑いの余地はなく，これまでにさまざまな重要な知見が得られてきたのはご存知だと思います．それではシステム生物学を用いた研究の目標は何でしょう？　まず，システム生物学について簡単に説明したいと思います．

システム生物学はその名のとおり，生物をシステムとして理解することです．日本においてシステム生物学というと，「数理モデル＝数式で生命現象を説明する」ことをイメージする研究者が多いと思います．しかし世界的に見ると，システム生物学というのは

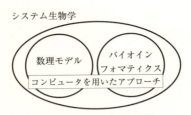

図 2.1　システム生物の概観

システム生物学では，数理モデルを用いた解析とバイオインフォマティクスの両方の解析を含む．両方の解析とも，コンピュータを用いたアプローチが必須となる．

上記に加えもう1つ，いわゆる生物情報学（バイオインフォマティクス）を用いた研究を含みます（**図 2.1**）．生物情報学は簡単に言えば，DNA や RNA の配列に含まれている情報を，情報学的手法を用いて抽出する学問です．たとえば，どこからどこまでが遺伝子であるか，似た配列はないかなどを解析するには生物情報学が必須となります．

　数理モデルを用いた研究と生物情報学に共通するのは，生命を「分子に還元して」理解するのではなく，全体を「システムとして捉える」という観点です．このような観点でデータをもとに生命を理解しようとすると，もう研究者の思考では追いつかなくなり，コンピュータの力が必要になります．ここで1つ注意してほしいのは，「全体をシステムとして捉える」といっても，常に細胞全体を全体（対象）として扱う必要はありません．興味のある生命応答，またはその一部を「全体」として扱っても構いません．

　別な言い方をすれば，システム生物学はコンピュータ上で生命現象を再現することです．コンピュータ上で生命現象を再現するということは，コンピュータ上で任意の刺激を与えた時に，その応答が予測できるということです．これは，車を作成している会社がシミュレーションを用いて衝突実験などを行っていることと同じです．

システム生物学の本の数は少ないですが，興味のある方，もっと知りたい方は『現代生物科学入門8 システムバイオロジー』（2010, 岩波書店）や『Dr. 北野のゼロから始めるシステムバイオロジー』（2015, 羊土社）を参照ください．

2.1.4 異分野の研究者との議論は難しいが面白い！

さて，本題に入っていく前に，少しだけ他の分野の研究者とのコミュニケーションについてお話ししたいと思います．初めの経験は黒田研究室における議論でした．システム生物学を用いた研究を行う上で黒田研究室は他の分野の研究者を積極的に採用していました．私が知っているだけでも生物学はもちろん，数学や物理，情報，統計，インフォマティクス，医学など，非常に多彩です．

黒田研究室に赴任してまず私が感じたことが，言葉の違いです．この本にも出てきている刺激方法（ステップ，パルス，ランプ刺激）や経路の特性（微分器，積分器，時定数など）を説明する言葉は，黒田研究室で初めて耳にした言葉です．そして，未だに勉強中なのが，「概念」です．先にも述べたとおり，私はそれまで「こてこて」の生物学の教育を受けてきました．その概念に新たな概念を加えることは，非常に難しいものです．まるで，これまでの概念を否定されるように感じました．しかしもちろん，生物学の概念も重要なものであり，現在の私の考えの一翼を担っているのはいうまでもありません．

黒田研究室に在籍し，時間が経つほどに他の生物学の研究者，そして他分野の研究者と話す機会も増えていきました．まず，他の研究者とのやりとりについてです．生物学の研究者とのやりとりは，実はそれほど大変なものではありません．もちろん，説明し理解してもらうには時間はかかります．しかし，私が経験して，悩み，自

分で解釈して取り込んだ概念ですので，相手が何に不自然さを感じているのかなどは比較的理解できるのです．

　異分野の研究者とのやりとりは面白いものでした．異分野の研究者はもちろん，私たちと異なる研究に対する「概念」をもっています．その概念，考え方を議論で学んでいくのは興味深いものでした．他の分野の研究者の人たちも，異分野の研究者（私）と話していると認識しています．そのため，彼らも私たちが異なる「概念」をもっていることを理解しており，非常に好意的に説明してくれます．異分野の研究者との議論は，何物にも代えがたい「勉強」の機会です．もちろん，最低限の知識をもっていなければ呆れさせてしまうだけですが．

　難しいのは異分野の研究者同士の仲立ちをする時です．私は黒田研究室での多数の議論を経た上で異分野の研究者と議論を行うことになりました．これにより，ある程度の知識や考え方を学んだ上で議論が行えました．しかし，完全な異分野に属する研究者同士の議論がかみ合うことは難しいものです．そこで私たちがその仲立ちをすることがたびたびありますが，非常に苦労します．もし皆さんがこのような場面に遭遇したら，時間がかかるかもしれませんが，私が経験してきたように好意的に接してあげてください．その先にはきっと見たことのない，「理解」と「共同研究」が待っていると思います．

2.2　分子の時間パターンによる制御って？

　黒田研究室では生命をシステムとして理解しようとする一方で，もう1つの視点がありました．それは，分子の時間パターン（変動パターン）に情報が埋め込まれているのではないか？という視点です．生命現象において分子の時間パターンが重要であるとはどうい

2.2.1 分子の時間パターンの重要性

まず,細胞レベルにおける分子の時間パターンの重要性について簡単に説明したいと思います.ホルモンや増殖因子と呼ばれる細胞のさまざまな応答を制御している分子で培養細胞を刺激すると,多くの経路において短時間に強く活性化された後に低い活性化状態に落ち着くような「一過的な活性化」が観察されます(**図 2.2**).興味深いことに,この一過的な活性化が細胞応答に重要である場合があります.たとえば,細胞分化のモデル細胞である PC12 細胞や MCF7 細胞というがん由来の培養細胞は,ある刺激を与えると,MAPK 経路と呼ばれるシグナル伝達経路が活性化され,ERK と呼ばれる分子のリン酸化(pERK)が一過的または持続的な時間パターンとして誘導されます(**図 2.2**).この pERK の活性化パターンの

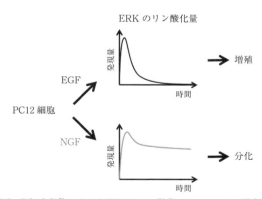

図 2.2 PC12 細胞における ERK のリン酸化パターンによる運命決定
PC12 細胞を EGF で刺激すると ERK のリン酸化が一過的に誘導され,増殖が活性化する.PC12 細胞を NGF で刺激すると ERK のリン酸化が持続的に誘導され,分化が誘導される.

違いにより，培養細胞は細胞増殖または細胞分化へと誘導されることが知られています．

また，ERK経路とは異なるシグナル伝達経路の分子であるNFκBや，骨の形成に使われるカルシウムなどは一過的応答のみならず，一過的応答が繰り返し続く周期的な応答を示し，それぞれの生命現象に重要であることが報告されています．このように，分子の時間パターンによる生命応答の制御は一般的な制御機構であると認識されつつありますが，まだまだ不明な点は多数存在しています．

2.2.2 分子のパターンを微分方程式で表現する

このように，細胞内においては分子の変動パターンが重要です．どのようにしてこのようなパターンが生み出され，処理されるかを説明する前に，分子の相互作用が生み出すネットワークの特性について述べなくてはなりません．そこでまず簡単に，微分方程式を用いた生物の応答，特にシグナル伝達経路の表現について説明したいと思います．細胞内の応答は，DNAやRNA，タンパク質，代謝物など，複数の化学的性質の異なる分子によって制御されています．生物学においてこれらの分子は，概念的に異なるものとして認識されています．たしかに，これらの化学的性質は異なります．しかし，数式を用いて表現した場合，もちろんそれらの特性に応じた調整は必要かもしれませんが，これらの分子は同列として扱われます．ここにはこれまでに説明したような，「ある生命応答Xを制御する遺伝子Y」のような記述は反映されません．重要なのは分子と分子の関係性だけなのです．このように，分子を同列に扱い反応のエッセンスだけを取り出せるのは数学を用いるメリットの1つです．ただし，物理学など他の分野においてもそうですが，あくまで「近似」であることに注意しておいてほしいと思います（このあた

りの話については後でもう少し詳しく触れます）．シグナル伝達経路の基本的な応答を例として微分方程式で記述すると，以下の2つのようになります．

分子間相互作用が

$$[A] + [B] \underset{k_2}{\overset{k_1}{\rightleftarrows}} [AB]$$

の時，それぞれの分子の濃度変化を示す微分方程式は

$$\frac{d[A]}{dt} = k_2[AB] - k_1[A][B]$$

$$\frac{d[B]}{dt} = k_2[AB] - k_1[A][B]$$

$$\frac{d[AB]}{dt} = k_1[A][B] - k_2[AB]$$

となります．酵素反応は

$$[E] + [S] \underset{k_4}{\overset{k_3}{\rightleftarrows}} [ES] \overset{k_5}{\rightarrow} [E] + [P]$$

$$\frac{d[E]}{dt} = k_4[ES] - k_3[E][S] + k_5[ES]$$

$$\frac{d[S]}{dt} = k_4[ES] - k_3[E][S]$$

$$\frac{d[ES]}{dt} = k_3[E][S] - k_4[ES] - k_5[ES]$$

$$\frac{d[P]}{dt} = k_5[ES]$$

となります．

[A]，[B]，[AB]はそれぞれの分子の濃度，[E]は酵素，[S]は基質，[ES]は酵素基質複合体，[P]は生成物の濃度を示します．$k_{1\sim5}$

は反応定数を示します．実は酵素反応も相互作用をもとに記述されており，[ES] → [E] + [P] において，P（生成物）は多くの場合 S（基質）に戻れない不可逆な反応のため，この反応においては逆反応が存在しません．

実は，簡単な微分方程式でも解析解を求めることが無理な場合は多々あります（解析解：たとえば，2次方程式 $[aX^2 + bX + c = 0]$ の解析解は $(-b \pm \sqrt{(b^2 - 4ac)})/2a$ となります）．そこで，数値的に「近似解」として計算します．微分方程式の数理的に求めた近似解，つまり「数値解」を求める方法は，その有用性から複数ありますが，ここでは簡単にオイラー法について述べたいと思います．

オイラー法とは簡単に説明するとすれば「微小の h 時間後の解の曲線を接線で近似したもの」となります．たとえば，

$$\frac{dy}{dt} = f(t, y) \quad y(t_0) = y_0$$

という微分方程式があったとします．f は任意の関数を表し，t は時間を表しています．t_0 は初期値の時間を意味し，y_0 は $t = t_0$ の時の y の値（初期値）を意味しています．この時，t_0 から微小時間 h が経過した時の y の値 $y(t_0 + h)$ はオイラー法を用いて

$$y(t_0 + h) = y_0 + hf(t_0, y_0)$$

となります．

実際にはもっと早く，正確に解く方法がありますが，興味のある方は専門書を参考にしてください．これらの方法は数値計算ソフト（後述しますが，我々は MATLAB を主に用いています）にパッケージとして組み込まれているため，我々がプログラムする必要はありません．

2.3 ネットワーク構造が生み出す特性

次に，ネットワーク構造についてお話ししたいと思います．ネットワーク構造とは分子の関係性を示した構造であり，簡単にいえば，分子 A がどんな分子と相互作用しているか，関係性があるかということを記述した図です（**図 2.3**）．先にも説明したタンパク質相互作用のネットワーク構造はこの一部に相当します．

このようなネットワーク構造が生み出す特性などに興味のある方，もっと知りたい方は，『システム生物学入門―生物回路の設計原理―』（2008，共立出版）を参照ください．

2.3.1 ネットワーク構造とは？

たとえば，あなたの友人関係のネットワーク構造を記述する場合，まずは，あなたの友人関係（たとえば携帯電話に記載されてい

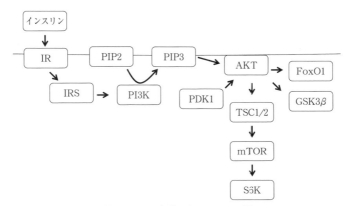

図 2.3　AKT 経路のネットワーク図

細胞外のインスリンは細胞膜に局在する IR に結合し，活性化する．主要な分子しか記載していないが，複数の分子が関与するネットワークによって制御されている．

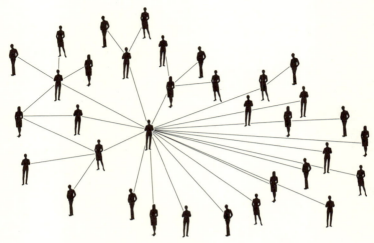

図 2.4　タンパク質の相互作用ネットワークの概念図
友人関係とタンパク質の相互作用ネットワークは似ている．

る友人 A さん）をすべて記載します．次に，A さんから同様に A さんの友人関係をすべて記載します．これを続けることで，交友関係のネットワーク構造を知ることができます（**図 2.4**）．

このようなネットワークが書けると，沢山の友人とネットワークを形成している人物が見つかるでしょう．おそらくこのような人物は，交友関係において中心的な役割をしていることが推測されます．タンパク質の相互作用についても同様のことがいえます．さらに情報やシグナルの伝達のネットワーク構造を考えた場合，これらの関係性には方向性が存在し，伝達する側から伝達される側へと矢印を引くことができます（有向グラフといいます）．

生物のネットワーク構造を考えた場合，その中には「モチーフ」と呼ばれる，偶然以上の確率で現れる，特徴的なネットワークの形が存在します．このモチーフは 2 つに大別されます．1 つは情報ま

たは信号が上流から下流に一方通行に流れるフィードフォワード構造（矢印が上に戻らない）で，もう1つは下流から上流に戻って流れるフィードバック構造（矢印が上に戻る）です．この2つのモチーフについて，我々の研究を中心に他の研究例を交えながら説明を行いたいと思います．

2.3.2 前向きな（フィードフォワード）制御
(1) 単純な酵素反応による制御（図 2.5）

まずは基本的なフィードフォワード制御（FF）について説明します．FFは今までに説明したリン酸化の反応で，以下のようになります．

$$[E1]+[S] \rightleftarrows [E1S] \rightarrow [E1]+[P]$$
$$[E2]+[P] \rightleftarrows [E2P] \rightarrow [E2]+[S]$$

先にも説明したとおり，シグナル伝達経路においてこの反応は「リン酸化反応」と呼ばれる酵素反応であり，信号の伝達（受け渡し）を意味しています．FFの構造は，細胞内のいたるところに存在しています．このようなリン酸化による信号の伝達（Box 1の図）は連続的なリン酸化反応（リン酸化カスケード）と呼ばれます．

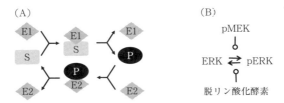

図 2.5　前向き制御 (FF) の構造
(A) リン酸化と脱リン酸化は逆向きの反応．(B) MEK における ERK のリン酸化反応．

このようなリン酸化カスケードにおいて，活性化した酵素（E1）は1つの基質から産物を生成した後も活性が続くため，引き続き産物を生成し続けます（基質がなくなるか活性がなくなるまで続きます）．一般的に，このようなカスケードではシグナルを増幅（上流分子が自分の数より下流分子を増やす）していると考えられています．これはシグナル伝達経路の特性の1つです．

実例を挙げると，ERK経路と呼ばれるシグナル伝達経路においてはリン酸化の受け渡しによって下流分子にシグナルを伝達しています（図2.5）．最後のMAPK → MAPを，$[E]+[S] \to [E]+[P]$の枠組みに当てはめてみると以下の通りになります．MEK(E)はERK(S)と結合し，リン酸化することでpERK(P)に変換します．ここで，ERKの前の「p」はリン酸化されたことを意味する記号で，生物の世界ではよく使われています．これは単純にリン酸化というシグナルを下流分子に伝達しているだけです．

この単純なリン酸化反応で細胞は情報の処理をしているのでしょうか（できるのでしょうか？）．我々はPC12細胞という培養細胞を用いて細胞の増殖や成長を制御するAKT経路における信号の伝わり方を計測したところ，リン酸化された活性化EGFR(pEGFR)の強い一過性の時間パターンよりも弱い持続性の時間パターンのほうが，下流分子であるS6を強く活性化(pS6)する現象を見出しました（デカップリング現象と呼んでいます．**図2.6**，参考文献1）．

通常行われている入れっぱなしの刺激（ステップ刺激）ではpEGFR，pS6とも強くリン酸化されます．その一方で，一時的な刺激（パルス刺激）ではpEGFRは強く活性化されますが，pS6は弱くしかリン酸化されません．興味深いことに，徐々に刺激濃度を上昇する刺激（ランプ刺激）ではpEGFRは弱くしか活性化されませんが，pS6は強くリン酸化されます．これらの実験結果は一見

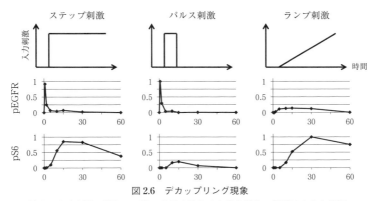

図 2.6 デカップリング現象
異なる入力刺激に対して下流の分子は異なる応答を行う．説明は本文を参照．

(少なくとも生物学者には)，EGFR から S6 の間に何か特別な制御機構が存在するのではないかと推察させます．しかし，特別な制御機構がなくても生化学反応のもつ特性によりこの一見矛盾した現象を説明できることが，微分方程式モデルの作成・解析で明らかになりました．以下，行った解析と解釈について説明します．

ここで少し横道にそれますが，ステップ刺激，パルス刺激，ランプ刺激（図 2.6）について実験的な説明を少ししたいと思います．これらの刺激は工学の分野でよく使用される刺激パターンです．ステップ刺激は，いわゆる「入れっぱなし」の刺激であり，細胞の（液体）培地に刺激物質を加えるだけです．これは，ほとんどすべての研究室で行われる刺激方法です．パルス刺激は，一時的な刺激です．一度ステップ刺激を行い，ある時間が経ったら刺激物質が入った培地を除きます．そして残った培地を刺激物質が入っていない培地で何度かすすぎ，最後に刺激物質が入っていない培地を加えます．残った培地をすすぐ時，張りついている細胞をはがさないように気をつけなければなりません．最後にランプ刺激です．これは培

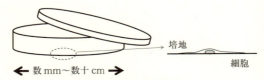

図 2.7 培養皿と培養細胞

多くの培養細胞は培養皿の底に張りついて生育する．培養細胞は浸っている培地から栄養や酸素を取り込んでいる．

地にチューブを入れ，そこからポンプで徐々に刺激物質を投与します．これにより，培地の刺激物質濃度が徐々に上昇します．

刺激の入力のしかたは上記のとおりです．読者の皆さんは「そうなんだ」と思うだけかもしれません．しかし，このような入力は通常，培養細胞の刺激では使われません．なぜでしょうか？　これは，「培養細胞」を育てている容器に原因があります．この本を手にとった皆さんであれば，培養細胞がどのような環境で育てられるかご存知でしょう．培養細胞は培養皿と呼ばれる，通常はプラスチックでできた丸く浅い容器で育てられます（**図 2.7**：この培養細胞の培養皿もさまざまな種類があり，直径の違いだけでも数 mm 程度〜数十 cm 程度の違いがあります）．ステップ刺激は問題なく行えますが，パルス刺激やランプ刺激は培養皿 1 つ 1 つで行わなければならず，それは大変な作業です．実験自体は難しくなりますが，我々はこのように工学のアイデアを取り入れて実験を行っています．

さて，話を戻しましょう．AKT 経路の特性を理解するために，実験データを再現する微分方程式モデルを作成しました．作成されたモデルは先に説明した実験データを再現しました．これは，得られたモデルが我々が注目した現象（デカップリング現象：図 2.6）の分子機構を内包していることを意味しています．そこで，得られ

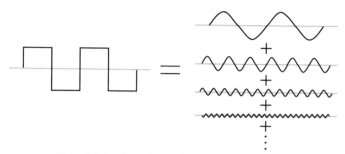

図 2.8 どんなパターンも正弦波の足し合わせで表現できる
閉じた波形であれば正弦波の足し合わせで表現できる.たとえば,矩形波のような波形でも正弦波の足し合わせで表現できる.

たモデルを用いてシミュレーションを行い,連続的な分子の時間パターンを取得しました.

次にこの経路の特徴を解析するために,得られた時間パターンのフーリエ変換を行いました.フーリエ変換とは主に工学の分野でよく使われる手法で,得られた時間パターンを,周波数に分解して表現します.詳しくは専門書を読んでいただきたいのですが,閉じた波形であれば(y軸に対して原点に戻れば)どんな波形も異なる周波数の重ね合わせ(足し算)で表現できます(**図 2.8**).入力と出力の時間パターンをフーリエ変換し,上流と下流のパターンを比較することで,どの周波数成分が下流に伝達され,伝達されないかを定量的に比較することができます(一般的にボーデ線図と呼ばれます).そこで,pEGFRとpS6のそれぞれの上流分子に対するボーデ線図を求めました(**図 2.9**).その結果,図に示したとおり,入力刺激の周波数が高周期になるほど伝達効率が減少しました.

このような応答は,工学の分野ではローパスフィルタと呼ばれています.この特性により,高周波を多く含むパルス刺激による一過的な pEGFR の波形は pS6 を十分に活性化できず,低周波を多く含

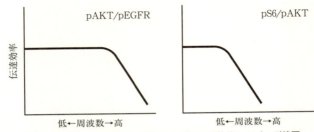

図 2.9 EGFR から AKT と AKT から S6 の単純化したボーデ線図
pEGFR から pAKT および pAKT から pS6 の伝達効率はともに低周波では一定であるが,高周波の領域では低下する.その低下の割合は,pAKT から pS6 のほうが大きくなる.

むランプ刺激による持続的な pEGFR の波形が pS6 を十分に活性化できることがわかりました.このように,フーリエ変換とその解析により,逆転現象の理由は酵素反応が内包するローパスフィルタ特性であることが明らかになりました.このような解析は通常の分子生物学では明らかにできなかったことであり,システム生物学的手法を用いることで初めて明らかにできたことです.

また,上記の現象の一般化のため,上流分子の時間パターンと下流へのシグナルの伝達効率の定式化を試みました.その結果,上流信号の時間パターンの減少のスピードが経路の時定数より小さい時,ピーク強度の伝達効率が減衰することを見出しました.時定数は,上流分子に追随するのにどの程度の時間がかかるかという指標です.時定数が小さいと上流分子に追随する時間が短くてすみます.経路の時定数より上流信号の時間パターンの減少のスピードが小さいということは,下流分子が上流分子に追随できる前に上流分子が減少してしまうということです.時定数については後でもう少し説明を加えたいと思います.

この予測を実証するため,複数種類の培養細胞を用いてその応答

を検討したところ，多くのシグナル伝達経路がローパスフィルタ特性をもつことが明らかになりました．つまり，このような現象はシグナル伝達経路において一般性の高い現象であることが確認されました．これらの結果は，入力刺激のパターンによって下流に伝わる情報の種類が異なることを意味しています．これはパルス刺激やランプ刺激を用いることで初めて明らかになった現象です．

さらに，このローパスフィルタ特性により，上流分子の阻害剤が時間パターンを変動させることで下流分子の活性化剤になることを予測し，実験によって確認しました．上流分子の強い一過的な応答が減少するため，たしかに上流分子を阻害しているように思えます．これは，阻害剤が上流分子の一過的な応答を阻害する一方で，持続的な波形を増強することによって起こると考えられます．これらの結果は，抗がん剤などの薬剤が上流分子の最大応答を減弱させる一方で，下流ではむしろ最大応答を増加させてしまう可能性を示唆しています．このように，数式を用いた解析は薬剤などの応答の予測にも応用でき，実際にいくつかのモデルは薬剤の評価に使用されています．

このような薬剤応答予測は創薬において非常に重要です．研究の時間的短縮はもちろんのこと，開発費の減少にもつながります．これは，現在膨大な開発費がかかっている創薬研究の中で非常に重要なことです．なぜなら，この開発費がそのまま薬の値段（薬価）に反映されており，開発費が減れば薬価も減少します．しかし，残念ながら現在，このような薬剤開発に寄与するモデルはありません．

単純な酵素反応による制御にはもう1つ説明しておきたい特徴があります．説明上の都合から次の①～③で説明します．

(2) デジタル応答を生み出す分子機構
① n 次応答

細胞は刺激に対して時に全か無か (all or none) の応答をしなくてはなりません．たとえば，増殖するかしないか，分化するかしないか，死ぬか死なないかなどです．しかし，刺激の多くは全か無かの刺激ではなく，アナログな（連続な）入力になります．細胞はアナログな刺激に対してデジタル（全か無か）な応答をする必要があります．たとえば，接触している細胞同士の境目を作る時に細胞の種類が混ざってしまっては困ります．細胞はこのような応答を非常に緻密に制御する必要があり，いくつかの方法があります．

その1つが n 次応答と呼ばれる応答です．これは，複数の分子が1つの分子に複数結合する反応に観察される場合があります．このような反応では，刺激濃度に対する複合体の定常状態の濃度はヒル式と呼ばれる式によって近似できるシグモイド曲線（S字曲線）となります（**図 2.10**）．図 2.10 を見てわかるように，結合する分子数が増えると（次数が増えると）横軸の結合する分子の濃度に対してスイッチ（全か無か）のような応答を示します．この n，つまり次数が大きくなるとスイッチの強さが大きくなるため，n をヒル係数と呼び，全か無かの強さの指標となっています．この n が1より大きい場合にその応答をスイッチ応答と呼んでいます．

この n 次応答で有名なのが，ヘモグロビンによる酸素分子の結合です．ヘモグロビンは赤血球に含まれる分子で（肺で）酸素分子4つと結合し，酸素が中濃度の末梢細胞で酸素を放出します．酸素濃度が多い肺においては，ヘモグロビンは4つの酸素分子を結合します（**図 2.11**）．そして，酸素濃度の低い末梢組織において，酸素を放出します．このようなシステムを用いることで，ヘモグロビンは酸素濃度の低い末梢組織に到達する前に酸素の放出を抑え，酸素を

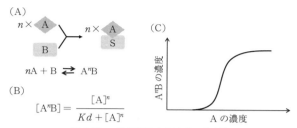

図 2.10　n 次反応によるスイッチ応答
(A) n 次応答の模式図．(B) 定常状態における A^nB の濃度を表す式．n はヒル係数．
(C) 横軸を A の濃度にした時の A^nB の濃度．A の濃度に対して S 字曲線の図となる．

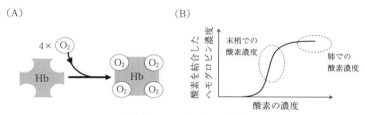

図 2.11　ヘモグロビンの応答
(A) ヘモグロビン (Hb) の酸素への結合の模式図．(B) ヘモグロビンは肺で酸素を取り込み，末梢組織で効率的に酸素を放出できる．

必要としている環境で酸素を放出できると考えられます．二酸化炭素などの他の影響も考慮しなければなりませんが，実際のヘモグロビンのヒル係数は 2.8 であり，基本的な性質はこの n 次応答で説明することができます．

② トグルスイッチ

次にトグルスイッチと呼ばれるスイッチ応答について簡単に説明します．図を見るとわかりやすいですが，A という分子と B という分子がお互いに抑制し合っている構造です（**図 2.12**）．これにより，A と B のどちらかの分子が一度増加すると相手を抑制するため片方の分子しか発現できないようになります．これは細胞内の分子だ

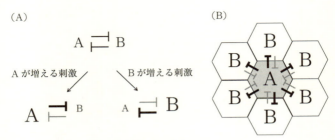

図 2.12　トグルスイッチ
(A) いったん A または B が増える刺激が入力されると，その状態が続くようになる．
(B) ある細胞が A となると周りの細胞 B が A になるのを抑制する．そのため，A の周りの細胞は A の細胞になれない．

けでなく，細胞自身にもいえます．たとえば，Notch と呼ばれる経路による細胞同士の境目を作り出す場合に使われています．

　ここに均一な細胞があります．そこに A という細胞を誘導する刺激が入ります．通常であれば，これらの刺激を受けとった細胞がすべて A になると思われます．しかし，受けとる刺激のムラや細胞内分子の発現量の違いなどにより，すべての細胞が同じように刺激に応答するわけではありません．このような違いにより，ある細胞が先に A の細胞になるとトグルスイッチの性質により，たとえ周りの細胞が A となる刺激を受けとっていたとしても周りの細胞は B の細胞にしかなれません．このような原理で細胞同士の境目を厳格に制御することができます．

(3) ちぐはぐなフィードフォワードループ (iFFL) による制御

　次に，少し複雑なネットワーク構造について説明します．少し複雑となった構造に，ネットワークモチーフというものがあります．ネットワークモチーフは，ランダムに生成されたネットワークよりも有意な確率で生物内のネットワーク中に出現する構造で，

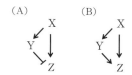

図 2.13 フィードフォワードループ
(A) ちぐはぐなフィードフォワードループ (iFFL). (B) 一貫したフィードフォワードループ (cFFL).

生物にとって何かしらの意味をもつと考えられています．ネットワークモチーフの中でも，特にフィードフォワードループ (FFL) 構造は頻出するモチーフであり，解析が進んでいます．FFL には大きく分けて「ちぐはぐなフィードフォワードループ (incoherent feed forward loop：iFFL)」と「一貫したフィードフォワードループ (coherent feed forward loop：cFFL)」があります．そこでまず，iFFL による制御について説明します．

iFFL は生物が高い頻度で用いているネットワークモチーフの 1 つです（**図 2.13**）．iFFL の構造を図に示します（図 2.13A）．ここで，X は入力，Z は出力を意味しています．X は直接 Z を活性化すると同時に，Y を介して間接的に Z を抑制します．この一見矛盾した（ちぐはぐな）制御により，細胞は一過性の分子の応答を生み出すことができます．ただし条件があり，活性化が不活性化より速くかつ弱くなければなりません．もし，強い不活性化が弱い活性化より早く応答するなら，それこそ本当に「ちぐはぐな」構造となってしまいます．

この iFFL のネットワーク構造がもつ特徴は何でしょうか？　最もよく解析がなされている特徴が，iFFL による濃度変化の検知です．濃度 "変化" というのは濃度の "微分" を意味しており，一般的にはこの "微分" を捉えるということで "微分器" と呼ばれています．iFFL の構造をもつ場合，刺激の濃度変化に依存して応答が

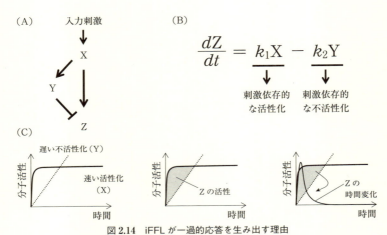

図 2.14　iFFL が一過的応答を生み出す理由
(A)iFFL の構造．(B)Z の微分方程式．Z の変化量は刺激依存的な X による活性化と，刺激依存的な Y による不活性化の差分になる．(C) 速い活性化である X と遅いが強い不活性化の Y の時間変化．Z の活性は X と Y の差分である網掛けになる．時間軸に投影すると一過的応答となる．

強くなります．一過的応答になるのは，一時的に濃度変化があり，それを検知しているからです．少し話がそれますが，このように微分器の働きをするネットワークモチーフは，iFFL の他にネガティブフィードバックループ (NFBL：negative feedback loop) だけがもつ特性であることが数理的な解析によって報告されています．

さて，それでは図を使ってもう少し説明したいと思います．これは微分方程式を見るとわかりやすいかもしれません (**図 2.14**)．刺激は Z の活性化分子である X と不活性化分子である Y を活性化します．その一方で，Z の活性化は X による活性化から Y による不活性化の差分に依存しています．ここで，先にも説明したとおり，Y による不活性化は X による活性化より遅くなくてはなりません．また，Y の不活性化は X の活性化よりも同じ刺激を加えた場合に

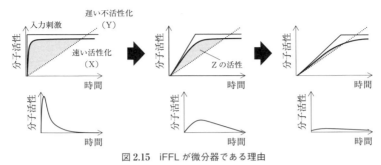

図 2.15 iFFL が微分器である理由
速い活性化,遅い不活性化とも入力刺激よりも早くなることはない.入力刺激のスピードを遅くしていくと,Z の活性の面積と最大値が小さくなる.つまり,iFFL は入力の速度を検知している微分器となる.

は(最終的に)強くなります.図では,実線が活性化,点線が不活性化の時間波形になります.Z の活性化は X と Y の差分になるので,網掛けの部分になります.これが Z の活性化が一定刺激の場合に一過的になる理由です.

それではこの刺激において入力刺激(細い実線)を遅くしてみましょう(**図 2.15**).この場合,X も Y も入力刺激のパターン(細い実線)より早くなることはありません(非線形という特殊な場合は例外になりますが,この説明では非線形性を仮定していません).ここで,入力を遅くすると X も Y も遅くなります.その場合,X と Y の差分である網掛けの面積が減少します.つまり,濃度変化が大きいと高い一過的波形が,遅いと低い一過的波形となります.このように,一過的な波形の高さが入力刺激の速さに依存しています.これが "微分器" と呼ばれる所以です.

実際には不可能ですが,もし同じ濃度変化が続けば,持続的な応答を示します(細胞内の応答である限り,分子の数に上限があります).また,繰り返しになりますが,iFFL の構造をしているからと

図 2.16　大腸菌の走化性
大腸菌などは化学物質（餌や危険物質の情報）の濃度勾配を検知して鞭毛の運動を制御し，化学物質のほうに移動したり，回避したりする確率を変化させる．

いって必ず濃度変化を捉えているとは限りません．酵素反応などのパラメータがある条件の場合になる時にだけ"微分器"となります．逆の言い方をすれば，ネットワーク構造がわかってもパラメータがわからなければ，そのネットワークの特性はわからないままなのです．

　このような微分器は生物にとってどのような意味があるのでしょうか？　たとえば，大腸菌などの生物においては走化性と呼ばれる現象に大きくかかわっています（**図 2.16**）．走化性というのは，ある化学物質の濃度変化に対して方向性をもって移動する現象です．その化学物質が生き物にとって有益であればその方向に，有害であれば反対方向に移動します．別の身近な例で考えると，ヒトの重さの感覚，匂いの変化を検知するような，外界の環境変化の認識に重要であると考えられています．この現象は，ヴェーバー-フェヒナー（Weber Fechner）の法則と呼ばれます．この法則は，ヒトの感覚は刺激の対数に比例するということを示しています．実は，この法則は 200 年ほど前に提唱された法則です．200 年も前に提唱された概念が，ようやく現在，分子レベルで解き明かされつつあるのです．

① ERK 経路における iFFL

　iFFL の実際の例として，先にも述べた ERK における一過的な応答を説明したいと思います．神経分化のモデル細胞である PC12 細胞において，上皮成長因子（EGF）と神経成長因子（NGF）はそれぞれ ERK を一過的および持続的にリン酸化（pERK）することで活性化します．これにより，PC12 細胞は増殖または分化を行います（図 2.2 参照）．興味深いことに，この ERK の一過的と持続的な活性化パターンには，刺激の速度と最終濃度の情報がそれぞれ組み込まれていました（参考文献 2）．

　EGF 刺激によって主に活性化される Ras のネットワークモチーフは入力刺激を X，RasGAP を Y，Ras を Z とした iFFL であり（図 2.13），ステップ刺激に対して一過性の応答を示します．これは，ステップ刺激の最初の濃度変化に応答しています．また，入力刺激を遅くすると一過性パターンの減弱が予測されます．そこで実験によってシミュレーション結果を確認すると，たしかに pERK の一過的なパターンの減少が確認されました．工学を教育背景とする読者の方は，「えっ，そんな当たり前のこと！」と思われるかもしれません．しかしそれまでの生物学において，工学系のアイデアまたは物差しで生物を理解しようとする試みはわずかであり，「工学の物差しで生物の応答が測れる」ということが明らかになったのが，この論文の本質かもしれません．

② ERK 経路における濃度検知機構

　PC12 細胞における ERK の活性化パターンにおいて，もう1つ説明したいことがあります．それは，NGF 刺激による ERK の持続的パターンの誘導です．NGF 刺激による ERK はよく見ると，一過的なパターンの後，EGF 刺激とは異なり，持続的なパターンが続きます．これは，どのように生み出され，そしてどのような特性があ

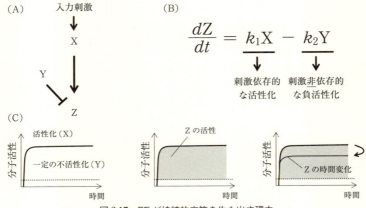

図 2.17 FF が持続的応答を生み出す理由

(A)FF の構造．通常，脱リン酸化 (Y) は無視されるが，実際には脱リン酸化も重要である．(B)Z の微分方程式．Z の変化量は刺激依存的な X による活性化と，刺激非依存的な Y による不活性化の差分になる．(C)活性化である X と一定の不活性化である Y の時間変化．Z の活性は X と Y の差分である網掛けになる．時間軸に投影すると持続的応答となる．

るのでしょうか？　この特性を生み出しているのは，Rap1 による制御です．実は，この Rap1 の制御構造は初めに説明した FF の構造になります．FF の構造をもつネットワークは上記で説明した特徴だけでなく，入力に対して持続的な応答を生み出すことができます．

この構造をもう少し詳しく見てみると，Gap1 の刺激依存的な活性化と刺激非依存的な不活性化からなります（**図 2.17**）．それでは，先ほどの iFFL と同様に，図を使って説明したいと思います．これも微分方程式を見るとわかりやすいかもしれません．刺激は Z の活性化分子である X を活性化しますが，先ほどとは異なり，不活性化分子である Y を活性化しません．つまり，Y の活性は刺激の存在，非存在にかかわらず一定になります．そして，Z の活性化は X

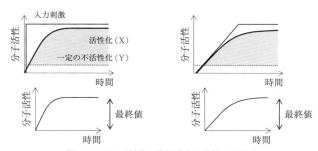

図 2.18 FF が刺激の最終濃度に応答する理由
速い活性化は入力刺激よりも早くなることはない．入力刺激のスピードを遅くしても入力スピードが十分遅ければ，最終値は同じ値となる．

による活性化から Y による不活性化の差分に依存しています．実線が活性化，点線が不活性化の時間波形になります．活性化を示す実線は分子に依存した時間をかけて最大値に達しますが，不活性化を示す点線は刺激に依存しないため，常に一定になります．そして，Z の活性化は X と Y の差分になるので，網掛けの部分が活性化になります．すると，図のように持続的な応答が生み出されます．

この応答において，先ほどと同じように入力の刺激を遅くしてみましょう（**図 2.18**）．この場合，X は入力のパターン（細い実線）より早くなることはありません．ここで，入力を遅くすると X も遅くなります．しかし，もし最終の入力刺激が同じであれば，X と Y の差分である網掛けの最大値も同じになります．つまり，入力の濃度変化が活性化の X の速度より遅い場合にはその時間の最終の Z の値は同じになります．これは，入力刺激の濃度に応答していることを意味しています．ここでのポイントは"入力の濃度変化が活性化の X の速度より遅い場合"ということです．この違いはもう少し後に説明したいと思います．この X の速度より遅いというの

は，これもやはり，このネットワークの特性（パラメータなど）に依存しており，ネットワーク構造がわかったとしても，その特性はわからないままになります．このような構造は一般的に「漏れ積分回路」と呼ばれています．

　それでは，この漏れ積分回路は生物にとってどのような意味があるのでしょうか？　実は，このような応答は多くのシグナル伝達経路で見られ，この構造をもつネットワークは刺激の濃度を検知することができます．

　PC12細胞におけるERK経路は，RasのiFFLの構造によりEGF刺激の速度の情報を検知しています．そして，RasのiFFLとRap1のFFの構造によりNGFの速度と濃度の情報を検知しています．このようにして，細胞は同じERK経路を用いても，入力刺激や刺激のパターンに応じて細胞の応答を変えることができます．この研究から，細胞は細胞の入力刺激のパターンに応じて応答を変えることができるという興味深いシステムが存在することがわかりました．これらの結果は，「ERKという分子が分化と増殖を制御する」という分子の機能に準拠した説明が，システム生物学の観点から説明すると「刺激の濃度変化（濃度）を捉えた場合には細胞増殖，濃度を捉えた場合には細胞分化」という，異なった生物応答の理解の視点を教えてくれます．

　しかし，PC12細胞を用いた実験では2つ問題がありました．その1つが"実際のEGFやNGFの生体内におけるパターンが不明"ということです．EGFやNGFは局所仲介物質と呼ばれ，局所的に作用するためその濃度の変化パターンは不明のままです．このため，実際に生物内の細胞がEGFやNGFの濃度変化や濃度を検知しているかどうかは未だ不明のままです．

　もう1つは生体内でこのようなシステムが存在するかどうかで

す.PC12細胞はある種のがん細胞から樹立された培養細胞です.つまり,生物内の細胞においてこのようなシステムが存在するかどうかは不明のままなのです.このように,細胞内にシステムが存在していることがわかっても,それが生体内において機能しているかどうかは全くの別物です.培養細胞を用いた研究は生物(個体)を用いないため,実験がしやすく(実験と倫理面の両方から),これまでに多くの生命現象の解明に寄与してきました.しかし,もし,研究の目的が生命(個体)現象の理解であれば,やはり最終的には個体を用いるしかありません.

2.3.3 フィードバック制御

以下の研究は我々が行った研究ではないのですが,折角ですので他の制御機構についても説明したいと思います.次はフィードバック制御についてです.

フィードバック制御とは,入力からの出力が再び入力へと戻る制御機構です.入力に戻る応答が入力と異なる場合を負のフィードバックループ(NFBL:negative feedback loop),同じ場合は正のフィードバックループ(PFBL:positive feedback loop)と呼ばれます(**図 2.19**).

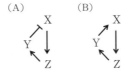

図 2.19 フィードバックループ制御

Xが入力で,Zが出力となる.(A)ネガティブフィードバックループ(NFBL).(B)ポジティブフィードバックループ(PFBL).

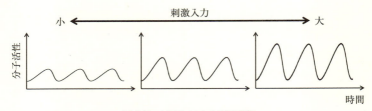

図 2.20 NFBL による振動現象

NFBL による振動は，入力刺激を強くすると振幅（分子活性）が増加する．

(1) 負のフィードバックループ（NFBL）制御

NFBL は前述の iFFL で説明したとおり，一過的な波形を生み出すことができます．つまり，iFFL と同様に，微分器として働き，入力の濃度変化を検知することができます．NFBL は iFFL と異なる特性があり，ある条件（パラメータ）では振動します．しかし，**図 2.20** に示すとおり，刺激の強さによって振幅が変化してしまうという理由から，細胞ごとに安定な振動が保証されない場合があります．この "安定な振動が保証されない" という性質は細胞の応答によっては悪い場合もありますし，良い場合もあります．

この NFBL はどのような生命現象に利用されているのでしょうか？ 1 つが生物時計の制御です．生物時計とは，生物がもつほぼ 24 時間の周期を刻む応答です．この生物時計があるため，生物は真っ暗闇の中でも 1 日の応答（睡眠と覚醒）を刻むことができます．また，海外旅行の時に経験する「時差ボケ」は，「体内の生物時計」と「（旅行先の）実時計」が異なることが理由です．

興味深いことに，この生物時計は日の光によって調整することができます．つまり，生物時計が下記で説明するように頑強な（調整できないような）システムであれば，時差ボケから回復するなどの調整ができないことを意味しています．このように生物時計は，NFBL による振動システムを用いることで微調整可能なシステムに

しているのかもしれません．

　また，NFBLを用いた振動システムで体節形成も制御しています．体節形成とは哺乳類にもありますが，わかりやすいのは昆虫などの"節"かもしれません．ご存知のとおり，昆虫にはある一定の繰り返しをもつ"節"が存在し，この節はNFBLによって形成されています．しかし前述したとおり，NFBLが安定ではないため隣の細胞とNotchシグナルと呼ばれる経路と共役し，外乱に強い振動を生み出しています．これにより，昆虫も安定な体を形成することができるのです．生物は不安定なNFBLを，利用したり補強したりすることで上手に使っているのです．

(2) 正のフィードバックループ(PFBL)による構造が生み出す特性

　PFBLとは，入力に戻る応答が入力と同じ作用として戻ってくる（増幅される）構造です．この構造でどのような特性が生み出されるか想像できると思います．それは，入力が繰り返し増幅される，つまり，入力が無限に大きくなるということです．しかし，細胞内の分子の数は限られているため，無限に大きくなる（発散される）ことはありません．

　では，PFBLによってどのような現象が生み出されるのでしょうか？ PFBLで生み出される現象は先に説明したスイッチ応答です．この場合，刺激が入る前の状態がOFFです．そして，一度スイッチが入ると（PFBLが回り始めると）その状態を維持する，つまりONの状態が続くという現象です．少し単純化すると，このPFBL構造をもつ場合はONとOFFの2つの状態しかとることができません．つまり安定な点がONとOFFの2つの状態しかないという，双安定な状態が観察されます．このような現象は物理学などの教科書にその理由が詳しく記載されています（『現代生物科学

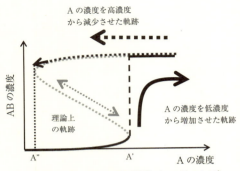

図 2.21　PFBL による履歴効果（ヒステレシス）

A の濃度を低濃度から高濃度に増加させると実線の軌跡を通り，A' の濃度で AB が高濃度の状態に「ジャンプ」する．次に A の濃度を高濃度から低濃度に減少させると点線の軌跡を通り，A' の濃度より減少しても低濃度の状態に戻らない（履歴効果：高濃度になったという「履歴」が記憶されている）．そのまま減少し続け A" の濃度まで減少すると，AB が低濃度の状態にジャンプする．A" が 0 以下の場合には低濃度の状態には戻れない．灰色の点線は理論上の軌跡であり，実際には観測できない．

入門 8 システムバイオロジー』（2010，岩波書店）：システム生物学の本ですが詳しく記載されています）．

　図 2.21 は横軸に刺激濃度を，縦軸に出力の活性を示した図になります．PFBL が強い状態では，ある刺激濃度を超えるとスイッチが ON になった状態になります．興味深いことに PFBL が存在すると，入力を増加させた場合（実線）と減少させた場合（点線）では異なる軌跡を通ります．つまり，一度スイッチが ON になると刺激濃度を減らしても ON の状態が続くということです．これは別の言い方をすると，「刺激が入力された」という状態を "記憶" していることになります．このような現象は履歴効果（ヒステレシス）と呼ばれます．その一方で，n 次応答によるスイッチ応答は，刺激を抜けば同じ軌道を通って元の状態に戻ります（図 2.10C）

　この特性を利用しているのが，分化などの "後戻りする必要がな

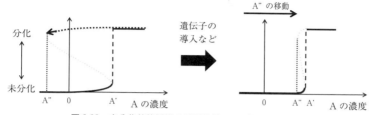

図2.22 未分化状態誘導の履歴効果による概念的な説明

Aの濃度（刺激や遺伝子発現）によって細胞の未分化と分化状態が決まっている場合を考える．分化状態が未分化状態にならないのは，履歴効果を解除するにはA″の濃度まで減少させる必要があるが，これが負の値のため，実際には減少させることができない（左図）．しかし，ある遺伝子などを導入することでシステムを変化させる（右図）．これにより閾値であるA″が右に移動することで，Aの濃度をA″まで減少させることが可能となり，未分化状態に戻ることができる．

い（できない）" 現象です．たとえば，アフリカツメガエルの卵にプロゲステロンという薬剤を投与すると卵成熟が誘導され，元に戻ることはできません．しかし近年，分化後の細胞を強制的に未分化の状態に戻したり（iPS細胞），他の細胞に誘導する技術が確立されています（直接的リプログラミング）．このような現象も概念的にはこの履歴効果で説明することができます．通常の状態では履歴効果のため刺激を抜いても分化状態から元に戻れませんが，履歴効果をキャンセル，または減弱させるある遺伝子などを発現します．すると，この履歴効果をなくすようにシステムが変化し（**図2.22**），細胞は元の状態に戻ることができます．このように考えると，これらの応答が理解しやすくなるのではないでしょうか？

(3) PFBLとNFBLを組み合わせたネットワーク構造が生み出す特性

このようなネットワーク構造が組み合わさることにより，どのような特性が生み出されるのでしょうか？　その例を1つ説明したい

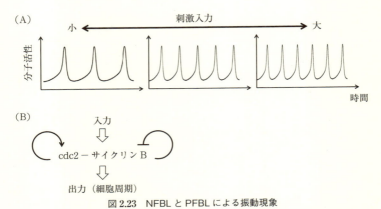

図 2.23 NFBL と PFBL による振動現象
(A)NFBL と PFBL を組み合わせたシステムにおいて,振動は入力刺激を強くすると周期が増加する.(B)アフリカツメガエルの発生初期における NFBL と PFBL による細胞周期の制御.

と思います.PFBL と NFBL を合わせた場合,安定した頑強な振動を生み出すことができます.特に NFBL の振動と異なるのは,入力刺激が変化すると振幅は変わらずに周期が変化するということです(図2.23).

この現象について簡単に説明したいと思います.まず,速い PFBL によって活性化されます.PFBL で説明したとおり,PFBL はスイッチ的な応答を示し,ON 状態に移行します.その後,遅いが強い NFBL により ON の状態から OFF の状態に戻ります.OFF になると iFFL とは異なり,NFBL の入力がなくなるため NFBL による不活性化が解除され,再び PFBL による活性化が誘導されます.このように PFBL と NFBL の特徴により,安定的な振幅を示すことができます.その一方で,入力刺激を強くすると,応答が速くなるため1回の周期が短くなり,結果的に周期が短くなります.

この特徴を利用しているのがアフリカツメガエルの受精後の細

胞周期です（図 2.23B）．発生初期の細胞周期は，DNA 複製や M 期の進行を止めるといった通常の細胞周期を阻害するような刺激を加えたとしても振動をし続けます．これは，速い活性化（PFBL）と遅い不活性化（NFBL）によって周期的な cdc2-サイクリンが生産され，細胞周期が継続することに依存しています．この時期の細胞周期は，受精後の細胞分裂という特殊な状態のため，細胞の分裂の維持，つまり発生の維持を優先しているのかもしれません．これは，発生段階の異常はその後の発生異常につながるため，たとえ異常があっても無理に修復を行わず，発生しない（= 死）ほうを選ぶということなのかもしれません．

もう 1 つの例として，神経細胞における活動電位の制御が挙げられます．活動電位の場合は，入力刺激の強さを先に説明した周波数に変換していると考えられています．周波数に変換すると何が良いのでしょうか？　一般的には周波数に変換することにより，アナログ情報（刺激濃度）をデジタル情報（単位時間に ON になった数）に変換し，頑強な処理機構を生み出しているのではないかと考えられています．たとえば少し前に，テレビの受信がアナログからデジタルに変わったのは記憶に新しいと思います．詳しくは説明しませんが，頑強な信号の伝達にはアナログよりもデジタルのほうが良いのです．同様に生物も，コストをかけたとしてもデジタル信号という頑強な信号伝達方法を選んだのではないかと考えられます．

お気づきかもしれませんが，以上で説明したネットワーク構造によって生み出される特性の解析は，通常の分子生物学では十分に説明することができず，システム生物学を用いた解析によりその詳細が明らかになりました．もちろん，ある程度であれば，直観的にその挙動は説明することができます．しかし，その特徴を正確に理解するには数式を用いた表現と解析が必須になります．

③

細胞とラジオのシステムは
同じ!?

　それではいよいよ，書名にもある「細胞とラジオは同じ!?」についてお話したいと思います．ここまで読んでくれている皆さんなら，細胞内の分子同士の相互作用，ネットワークが生み出す動的特性が，生命現象にどれだけ重要かわかっていただけたと思います．また，工学に素養のある方なら，細胞の制御も工学系の制御と同じようなものだと感じているでしょう．つまり，細胞のシステムもラジオのような「機械」であると理解していただけていると思います．ここで，単なる「機械」にせずに「ラジオ」にしたのには理由があります．それでは，ここまでで説明していない，ラジオに特徴的なものは何でしょうか（**図3.1**）？

　もちろん，材質とか音を出すとかいっているわけではありません．注目したいのは「受信する」ということです．実は，ラジオは（テレビでも良いのですが）そのままスイッチを入れても意味はありません．チューナーを動かして，好きな番組にラジオを合わせ，聞く必要があります．ラジオを意味のあるものにするには，本体で

図3.1 ラジオの特徴とは？
ラジオは電波に情報が載っていて，それをラジオが意味のある音に変換する．

はなく，受信する内容も重要になってきます．細胞も同じように，生体内では刺激という情報を受信する必要があります．さらに，ラジオで単一の周波数を受信しただけでは，ラジオはずっと同じ音を鳴らしているだけでしょう．ラジオが受信する電波は周波数や振幅を変えることにより，情報をその変化に載せ，音楽やトークとして聞くことができます．受信する電波の周波数や振幅に「番組」という情報が載り，その情報をラジオが解読しているのです．このように，ラジオにおける真の情報はラジオでも電波でもなく，電波の周波数や振幅に載っているのです．

3.1 ホルモンによる生体応答の制御

「ホルモン」というものを聞いたことがあるでしょうか？ ホルモンというのは（もちろん，焼き肉屋で食べられる「ホルモン」ではありません），生理活性物質であり，体内のさまざまな臓器や器官で合成，分泌されます．そして，血液などを介して体の離れた対象細胞にさまざまな効果を及ぼします（**図3.2**）．細胞はホルモンによって他の臓器や器官からの情報を「受信」し，その内容に応じて

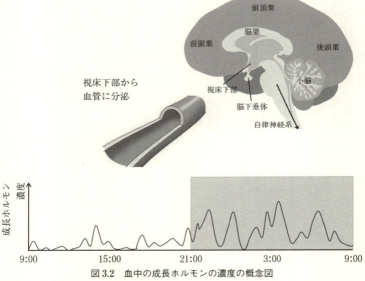

図 3.2 血中の成長ホルモンの濃度の概念図
成長ホルモンは脳の視床下部から血管に分泌され全身をめぐる．血中の成長ホルモン濃度は夜に高くなる．

細胞の応答を変えます．たとえば，食事（正確にはグルコース）に応答して分泌される「インスリン」や成長（細胞の分裂を誘導）を促す「成長ホルモン」，また，男性・女性ホルモンといったさまざまなホルモンが存在します．あまり知られていませんが興味深いこととして，「ほとんどのホルモンは特徴的な血中パターンを示す」ということを覚えておいてください．

3.1.1 ホルモンの分泌パターンには意味がある？

「寝る子は育つ」とよくいわれますが，これはあながち迷信のようなものではなく，実際に成長ホルモンは夜間によく分泌されます（図 3.2）．そして，これらのホルモンのいくつかにおいて，その血

中パターンがホルモンの作用に重要であることが報告されています．「いくつか」というのは，研究されていないために実際にはわからないというだけです．もしかすると，このように特徴的な血中パターンを示すホルモンはすべて，その血中パターンがホルモンの作用に重要なのかもしれません．

3.1.2 インスリンの血中パターン

インスリンは，食事などによって血糖値が上昇すると膵臓から門脈という肝臓へと続く血管に分泌され，肝臓を通り全身へと運ばれます（**図 3.3**）．血糖値の上昇を膵臓が検知し，インスリンを介することでその情報を対象となる臓器に伝達します．そして，対象となる臓器はその情報を「受信」します．たとえば，インスリンは肝臓や筋肉，脂肪組織といった対象細胞に作用し，血糖値の取り込みを促し，血糖値を低下させます．取り込まれたグルコース（ブドウ糖）は細胞内にグリコーゲンや脂肪として保存されたり，細胞を作る材料にされたりします．

このインスリン作用に異常が起こり発症するのが，現代病の 1 つである糖尿病です．糖尿病というと，インスリンが分泌されなくなり，血糖値が高いままさまざまな疾病を誘発したり，エネルギーが

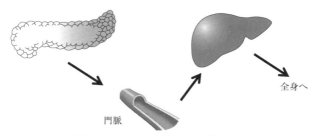

図 3.3　インスリンは膵臓から分泌される
インスリンは膵臓の β 細胞から分泌され，肝臓を通って全身をめぐる．

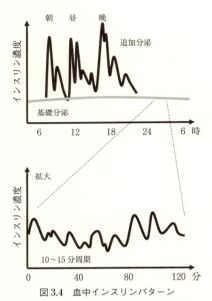

図 3.4 血中インスリンパターン

血中インスリンパターンは食後に分泌される追加分泌と平時から分泌されている基礎分泌,そして 10〜15 分周期の分泌パターンが報告されている.

細胞内に取り込めなくなって痩せたりする症状を思いつく方が多いかもしれません.しかし,このような症状はいわゆる糖尿病の末期の症状であり,糖尿病の初期には血中インスリン濃度は高い場合が多く,脂肪肝などエネルギーの貯蔵も過多になっています.

　血中のインスリンパターンは,食後に分泌される一過的な高濃度の「追加分泌」や,空腹時でも微量に放出されている「基礎分泌」,そして,5〜15 分周期の分泌パターンが知られています(**図 3.4**).実は,血中インスリンが複数のパターンを示すということは 1960 年代から知られており,血中インスリンパターンの重要性に関する研究も行われてきました.たとえば,インスリンは血糖値を減少させると述べましたが,興味深いことに,単位時間当たりの投与量が

同じでも，15分程度の周期的インスリン刺激は一定の刺激よりも効率的に血糖値を抑制できることが報告されています．

また，血中のインスリンパターンと糖尿病との関係も深く，初期の糖尿病患者では追加分泌・基礎分泌ともに増加することが報告されています．しかし，興味深いことに，追加分泌と基礎分泌のインスリン濃度の比は健常者のそれと変わらないことが報告されていることから，その比率が重要であると考えられています．さらに，糖尿病患者では5〜15分程度の周期的波形が消失することも報告されています．このように，インスリンパターンの重要性は複数報告されていますが，その分子機構は全くわからないままでした．

3.1.3 食べ方によるダイエット効果はあるか？

このような血中のインスリンパターンが何に関与するのか？と思われるかもしれません．血中インスリンパターンは食事のパターンに強く関係しています．つまり，食事の内容・パターンにより，血中インスリンパターンはある程度コントロールできます．

「食べる順番によってダイエット効果がある」という話がたまにテレビで流れています．個人的には，「食べる順番」には少なくとも2つの影響が含まれていると考えています．1つ目は，食べ物を噛むことによって満腹中枢が刺激されるということです．これにより，より高カロリーの食物を食べる前にある程度食欲が抑制され，結果的に摂取カロリーが抑制されます．これは理にかなった説明です．もう1つが，今回私が以下に説明する血中インスリンパターンによる効果です．こちらに言及したテレビ番組は見たことがありませんし，まだ研究途中の段階です．しかし，食事パターンに依存して血中インスリンパターンが変わることは確かなので，まだ科学的根拠はありませんが，ダイエットと関係ないとは言い切れません．

食べる順番ではなく，食べ方に依存した太りやすさでいえば，マウスの実験ではたしかな研究があります．興味深いことに，同じ高カロリー食を摂取したとしても，食事時間を制限したマウスは自由に食事できるマウスよりも体重の増加が弱いということが報告されています．このマウスの結果をヒトに当てはめるのであれば，同じ食事量であっても，だらだら食べるのよりしっかりと時間を決めて食べるほうが良いことを意味しています．

3.2 インスリンの研究へ

ERKの研究の紹介で，研究の目的が生命（個体）現象の理解であれば，やはり最終的には個体を用いるしかない，と述べました．そこで我々は，生体内の時間パターンが既知であり，分子のネットワークが比較的理解されているインスリン経路に注目しました（参考文献3）．インスリン経路の研究は糖尿病に直結するため，古くから盛んに行われ，多くの事柄が明らかになっています．特に，インスリンが細胞表面の受容体と呼ばれる分子に結合し，細胞内の分子を活性化する経路，いわゆるインスリンシグナル伝達経路の分子が数多く同定されてきました（図2.3参照）．また，インスリンは複数の時間パターンをもち（図3.4），インスリンによって制御される現象は，まさしくこの時間パターンに制御されているという報告がなされてきました．しかし，このような「動的特性」の解析は，現在まで行われてきたような，いわゆる「分子に起因する」生物学では解析が難しい研究課題です．そのため，これまで長い間インスリン経路に関する研究が行われてきたにもかかわらず，その動的特性の解析は行われてきませんでした．

そこで我々は，分子，特に刺激の時間パターンの重要性を明らかにするために，インスリンに注目することにしました．実は，イン

スリンの研究に興味がありインスリンの研究を始めたわけではないのです．「ホルモンや増殖因子の時間パターンに意味がある」という仮説を生体内で明らかにするために，血中インスリンの時間パターンに注目し，研究を始めたのでした．

3.2.1 どうやって研究を始めるか？

「インスリンの時間パターンの意義」を明らかにするという目的があるとはいえ，私自身どころか，研究室でもインスリンの研究を行ったことがないという状況でした．このような状況からの研究の立ち上げは，それは大変なものでした．初めの半年は実験を行わず，インスリンの研究状況の把握からでした．

たとえば，血中インスリンパターンの重要性です．上記で「重要だ」と述べましたが，初めはまだ糸口をつかんだ程度で自信をもって新たな領域（インスリンの研究）に飛び込むには不十分な状況でした．そこでしばらくは，数十にものぼる論文を読み，まとめることからが仕事でした．近年発行された論文の多くはインターネットを介して入手できます．しかし，古い論文は入手できず，図書館にこもり探さなくてはなりません．余談ですが，私が学生の頃（2000年前後まで）はインターネットで論文を取得することができず，調べ物があるたびに図書館にこもり，何時間もかけて調べたものでした．その頃に比べればなんと今のシステムが楽かおわかりでしょう！　このように，自信をもって研究を行うことができるまで数ヵ月を要しました．

何を対象に実験を行うかも重要な問題でした．もちろん，個体（マウスやラットなどの実験動物）を用いることも考えました．また，初代培養細胞という個体の臓器から細胞を採取し，培養細胞のように培養皿に播種することで実験が行える実験系も考えました．

しかし，それまで酵母を扱っていた私にとって，いきなり個体を用いる実験はハードルが高いものでした（もちろん，ある程度の経験はありましたが）．そして何よりも，一般的に個体や初代培養細胞の実験は，実験誤差が大きいといわれていました．そのため，これから行う実験のアイデアが新しい，かつ実験系も新しいでは，もしうまく実験系が動かなかった場合，何が悪いかわからなくなってしまいます．そこで，研究の第一歩として培養細胞で実験を行うことにしました．これは重要なことです．何か新しいことを始める場合は，実験に限らず，できるだけ不確定要素を少なくする（選択肢を減らして）方針が王道です．実験がうまくいった場合には時間を節約できますが，そのような場合は少なく，多くの場合，うまくいかない理由がわからなくなってしまうからです．「急がば回れ」とは，よくいったものです．

　実験の対象を培養細胞に決定したといっても，決定しなくてはいけないことがまだまだたくさんあります．たとえば，何の培養細胞を用いたら良いか？ということです．JCRBという日本の細胞バンクでは，提供可能な培養細胞だけで1233種類もあります．一般的にインスリンの主な対象臓器として肝臓と筋肉，脂肪が挙げられます．この中でも，肝臓は膵臓からインスリンが分泌される門脈の直後に位置する臓器です．つまり，肝臓が最もインスリンの時間パターンの影響を受けている臓器だと考えられます．なぜなら，全身の筋肉や脂肪組織にインスリンが届くまでには，門脈に放出された後に肝臓を通り，心臓から送り出されて初めてこれらの臓器に届きます．この間にインスリンは肝臓で約半分が消費され，さらに門脈以外の血液が混ざることによって，その時間パターンは「なまって」しまいます．そこで我々は，肝臓由来の培養細胞を用いることに決定しました．

肝臓由来の細胞といってもたくさんあります．そこでやはり，論文を調べることでどの細胞がインスリンの実験でよく使われているかを調べました．しかし，調べれば調べるほど，同じ肝臓由来の培養細胞であってもさまざまな細胞があることがわかりました．あるものは糖新生を行うが，あるものは行わず，その代わり脂肪をためやすいなど……．

　そこで，ある程度絞り込んだ後，最後に肝臓由来の細胞をインスリンの実験系として専門に研究されている他の先生に相談することにしました．最終的に選んだ細胞はFao細胞というラットの肝がん由来の細胞であり，糖新生の研究によく使われている細胞でした．また，後の確認実験で，この細胞はインスリンの重要な作用の1つであるグリコーゲンの蓄積も行うことがわかりました．残念ながら脂質の蓄積は確認できませんでしたが，インスリンによる糖代謝に注目した場合には良いモデルであると考えられました．

　また，何の応答を測定対象とするかも重要でした．肝臓に対するインスリン作用の大きなものの1つは血糖値の低下です．細胞内の代謝応答を変えて細胞内に糖を取り込むことが，肝臓におけるインスリン作用の最終目的です．しかし，その当時の知識では（そして現在の知識でも），どのように肝臓細胞がインスリンに応答して代謝物の量を制御しているのかは詳しくわかっていませんでした（後述します）．

　一方で，インスリンシグナル伝達経路，特にインスリン受容体という細胞表面の受容体からAKT経路を中心としたシグナル伝達経路を介して肝臓細胞の代謝制御を行っているということは，かなり正しいこととして理解されていました．そこで我々は，インスリンシグナルの入口であるAKT経路に何かしらインスリンの時間パターンを処理するシステムがあるのではないかと考え，注目するこ

とにしました.

さて，簡単にインスリンの実験を始めるまでのいきさつを書きましたが，読者の皆さんはどう思いましたか？　大変だと思いましたか？　面倒臭いなと思いましたか？　このような下調べは，実験を行い解析するのと同じくらい大切なことです．これは，これから行う実験を成功させる「確率」を上げるための作業です．「確率」を上げるだけなので必ず成功するともいえません．しかし，これから行うであろう実験は，何年もかかります．当然お金もかかります（皆さんの税金です）．よって，このような作業は重要であり，もちろん，これらの調査を行って（今の技術で）無理だと思ったら引くことも大切です．これはきっと，実験以外のことにもいえるのではないかと思います.

さて，次にこの研究を中心に，実験のいきさつ，解析，注目すべき点など少し詳しく説明していきたいと思います．ここでは実際の研究に沿った専門的な流れになりますが，折角の機会ですので，どのように考え，実験を行っているのかを説明します.

3.2.2　実験データを取得する

細胞もFao細胞に決まりました．測定する分子も大体決まりました．次は実験を行うことになります．上記で説明したような微分方程式モデルを作成するのに，どの程度の量のデータが必要になるでしょうか？　従来の生物学的な研究では，その応答が「増加するか」「減少するか」「変わらないか」の3つの状態を区別できれば十分でした．しかし，微分方程式モデルを作成するにはそれだけでは不十分です．「どのように変化したか」「どの程度変化したか」が重要になってきます．**図3.5**を見てください．たとえば，図の実験ポイント（○）だけでは，点線のように複数の軌跡の可能性がありま

③ 細胞とラジオのシステムは同じ!?　73

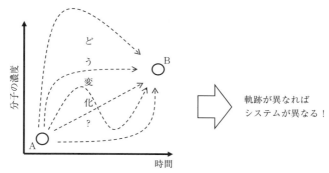

図 3.5　どんな軌跡で変動するのか？

分子の濃度がAからBに変動する場合を考える．その軌跡はさまざまなパターンがあり，そのパターンに依存して背後に隠れているシステムは大きく異なる．

図 3.6　サンプリング定理の概念図

実線が実際の時間パターンだとする．この軌跡に対して半分の周期である○の実験データからは（かろうじて）実線のパターンを再現することができる．しかし，周期の長い十字の実験データからは間違った点線のパターンを再現することになる．

す．そして，この軌跡の数だけ異なるシステムの可能性が存在するのです．

　サンプリング定理（標本化定理）というものをご存知でしょうか？　簡単にするために，正弦派を考えてください．この正弦派を実験データから同定します（**図 3.6**）．その場合，正弦派の周波数の2倍以上の周波数でサンプリングしなければ，元の波形を再現できません．これがサンプリング定理です．つまり，10分周期の正弦派であれば，5分間隔でサンプリングする必要があるということです．それ以上の長いサンプリング間隔で取得したデータからでは，間違った正弦波を再現してしまいます．

さて、これから測定しようとしている応答の波形はわかっているのでしょうか？　実は、わかっていないのです。上記の正弦派の例でいえば、何分周期の波形かがわかっていない状態で想定する実験点を決定しなければなりません。たとえば、ERKの波形が一過的になると説明しましたが、これを明らかにするだけでも簡単ではないのです。ですので、できるだけ細かい時間間隔で実験データを取得する必要があります。細かい時間間隔でのデータの取得は可能ですが、その分大きなコストがかかります。そのため予備実験を行い、大まかなパターンを確認し、必要なら詳細な追加の予備実験も行います。

Box 6　ウェスタンブロッティング (WB) の原理

　ウェスタンブロッティング (WB) は、特定のタンパク質の量を（ある程度）定量的に検出できる手法です。今まで本文に出てきたpERKなどの量を調べるには、ほとんどの場合、WBでこれらの量を求めます。

　WBは大きく2つのパートに分けることができます。電気泳動による分子量（タンパク質の大きさ）に依存した分離 (①) と、目的とするタンパク質の検出 (②) です。

①電気泳動による分子量に依存した分離（**図1**）

　まず細胞中のタンパク質を、SDSという試薬を用いて可溶化し、マイナスに帯電させます。これをアクリルアミドと呼ばれる網目状のゲルのようなものに装填します（分子レベルで網目ということで、実際は薄いコンニャクのようなものです）。これに電流を流すことで、マイナスに帯電したタンパク質はプラスの電極のほうに移動します。

　ここでのポイントが、網目状のゲルの中をタンパク質が「くぐっていく」ということです。想像してください。網目状の構造の中を大きな分子と小さな分子が通っていく場合、どちらの分子が速く通り抜けられると思いますか？　もちろん、小さい分子です。つまり、アクリルアミドと呼ばれる網目状のゲルを通りながら、小さい分子の移動は

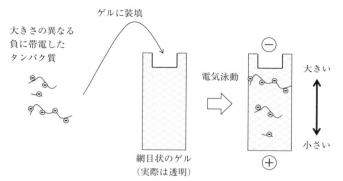

図1 WBの原理（電気泳動によるタンパク質の分離）

SDSによって負に帯電したタンパク質溶液を，網目状のゲルと呼ばれるものに装填する．次に電圧をかけることで，負に帯電したタンパク質が正極に移動する．この時に，小さいタンパク質は網目をくぐり先に流れるが，大きいタンパク質は網目をくぐるのに時間がかかるため，タンパク質の大きさに依存して分離できる．

早く，大きい分子の移動は遅くなります．このような原理を用いて，細胞内の分子を大雑把に分子量の大きさに依存して分離します．これは運動会の「網くぐり」や「はしごくぐり」のようなものです（もちろんこの場合，人が分子に相当します）．

②任意のタンパク質の検出（**図2**）

　アクリルアミドゲルによって分離したタンパク質すべてを，メンブレンと呼ばれるタンパク質を保持できる紙のような膜に電気的に移動させます．次に，このメンブレンを「抗体」と呼ばれる特定のタンパク質だけに結合することのできるタンパク質の入った溶液に浸します（一次抗体）．この「抗体」というのは，聞いたことがあるかもしれませんが，元来，体内に入った異物を排除するために用いられるものです．この「特異的なタンパク質だけ認識する抗体」は非常に利用価値があるため，1つ1つ異なる種類のタンパク質を認識する多くの種類の一次抗体が作成され，販売されています．

　次に二次抗体と呼ばれる．一次抗体を認識し，かつ試薬によって発

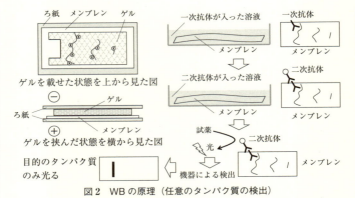

図2 WBの原理（任意のタンパク質の検出）

分離に用いたゲルを，タンパク質を保持することのできるメンブレンに載せ，電気的に転写する．その後，目的のタンパク質に特異的に結合できる一次抗体の入った溶液に浸す．さらに試薬によって発光する分子が結合した二次抗体の入った溶液に浸し，最後に試薬によって発光させ検出する．

光する分子が結合した抗体の入った溶液に浸します．次に，発光する試薬をふりかけ，発生した微量の光を検出できる機械で読みとることで（昔は写真に使われるような特殊の「フィルム」を用いていました），特定のタンパク質を検出することができます．ここで，特定のタンパク質の量が多いほど一次抗体が結合し，一次抗体の量が多いほど二次抗体が結合し，二次抗体が多いほど光が強くなります．これにより，その細胞に含まれるタンパク質の「相対的な量」を定量することができます．

ここで重要なのが実験の再現性です．実験の再現性には「誤差」が関係します．大きく分けて誤差には「実験誤差」と「もともと生物がもつ誤差」があります．「実験誤差」は，簡単にいえば，同じサンプルで同じ実験を行った時の誤差です．残念ながら，物理学や化学と異なり，「実験誤差」と「もともと生物がもつ誤差」は生物学において非常に大きく，問題となります．注意してほしいのは，

どちらも誤差として述べていますが,「実験誤差」は極力排除したい誤差の一方で,「もともと生物がもつ誤差」は排除する必要のない（解析を行う場合には厄介になる場合がありますが）誤差です.なぜなら，後者は生物が意味をもって誤差を生み出しているかもしれないからです（後で詳しく説明したいと思います）.

私も黒田研究室に赴任した当時，再現性の良いデータを得るため学生と一緒に再現性の良い WB の工夫を行いました．ここで注意したのは,「誰でも」良い再現性を得られる工夫を行ったということです．どこの世界にでも「こつ」というものがあり，これを言葉で説明するのは得てして難しいものです．そこで，初めて WB を行うような「こつ」を知らない学生たちでも再現良く実験が行えるように工夫をしました．目的とするデータを再現良く取得するということは，非常に重要なのです.

3.3 微分方程式モデルを作成する

「微分方程式モデルを作成する」というと難しく思われるかもしれませんが，それほど難しいものではありません．微分方程式の式さえ作成すれば，数値計算はコンピュータが行ってくれます．逆に自力で解こうとしてもほとんどの場合は解を求めることはできません.

3.3.1 良いモデルとは？

次に実験データを再現するモデル（微分方程式モデル）を作成することになりますが，その前に少し「良いモデル」について簡単に説明したいと思います．実は,「良いモデル」というのを説明するのは難しいのです.

まず，モデルについて考えてみましょう.「モデル」がつく言葉

実車

再現しているもの
・形
・色

犠牲にしているもの
・材質
・大きさ

プラモデル

図 3.7　モデルとは？

モデルとは「特徴を抽出して単純化したもの」である．プラモデルの例でいえば特徴は「形」や「色」であり，犠牲にしているものは「材質」や「大きさ」である．つまり，モデルではすべてを表現する必要はない．

はいくつかあります．たとえば，プラモデルやモデルガンのような言葉です．つまり，「モデル」というのは「特徴を抽出して単純化したもの」とでもいえば良いでしょうか？　たとえば，プラモデルの目的は"形（や色）"を抽出することです（**図 3.7**）．そのために，大きさや材質を犠牲にしています．つまり，良いプラモデルというのは，"形（や色）"を完全に模したものであると考えられます．私なりの解釈で簡単に説明すれば，「良いモデル」というのは「自分の表現したい現象を表現できるモデル」です．もう少しわかりやすく説明すると「似顔絵」のようなものです．

　似顔絵というのは，ある人の特徴を抜き出して，ある時にはその特徴を強調して描いたものです．最も精密な似顔絵は，写真とほぼ同じでしょう．しかし，ある特徴を強調した似顔絵も，多くの人は

「良い似顔絵」と認識すると思います．書き手によってこの特徴の抽出のしかたは異なります．つまり，「似顔絵」はたくさん存在するでしょう．このため，「自分の表現したい現象を表現できるモデル」が良いモデルであると考えられます．逆に，プラモデルで説明したとおり，「良いモデル」を作成するためにある事柄を犠牲にする必要があるかもしれません．つまり，詳細な現象を説明したい場合は，詳細なものを表現できるモデルが良いモデルです．ある特徴だけを説明したいなら，その特徴を抽出したモデルが良いモデルなのです（詳細なモデルではその特徴が隠されてしまう場合があります）．

　物理学の話を少ししてみましょう．「ニュートンの運動方程式」というのを聞いたことがあると思います．高校で物理学を選択した方なら，この式を用いて問題を解いたことがあるでしょう．たとえば，ニュートンの運動方程式を用いると，物体を空間に投げた時にその軌跡は放物線（2次式）になるということは理解しやすいと思います．「ニュートンの運動方程式」は，物体の運動という「概念」を理解するには非常に有用であり，高校では物理の基礎として学びます．しかし，もしロケットを正確に飛ばすことを考えた場合，ニュートンの運動方程式では正確に飛ばすことはできません．目的に応じて「良いモデル」は異なるのです（概念を理解するには「ニュートンの運動方程式」は良いモデルですが，ロケットを飛ばすためには良いモデルではありません．また，逆も同様です）．

　もう1つ説明したいことがあります．それは実験データを再現できるモデルについてです．「実験結果を再現できるモデル」が良いモデルでしょうか？　もちろん，良いモデルの1つであると思います．では，「実験結果を再現できるモデル」は良いモデルでしょうか？　実はそうとは限らないのです．

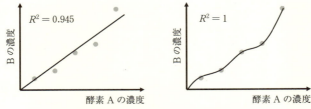

図 3.8 良い近似（モデル），悪い近似（モデル）

灰色の〇は，酵素 A の濃度を変えた時の産物 B の濃度の実験データ．実線は近似曲線を意味している．左図は1次式で，右図は5次式で近似した結果．

たとえば誤差のあるデータを Excel の近似曲線でフィットすることを考えてみましょう（**図 3.8**）．ここでは，酵素 A によって B という産物が合成される反応を考えてみます．近似曲線を作成するということを皆さんあまり意識していないと思いますが，これもモデルを作成するということです．たとえば，図 3.8 の左図は直線（1次）の近似であり，右図は5次多項式による近似です．

決定係数（R^2）という当てはまりの良さの指標を見てもらうとわかるとおり，5次多項式のモデルのほうが「(誤差を含む) 測定した実験結果を表現できるモデル」です．この結果を見てどう思うでしょうか？ 少しいびつだと思いませんか？ ここでは酵素反応を考えています．当たり前とは思いますが，酵素 A の濃度が増えればBという産物の量もそれに比例して増加します．このような実験の場合，良いモデルと考えられるのは直線による近似になります．5次多項式で作成したモデルの，ちょっと無理したような状態はオーバーフィッティングと呼ばれます．異なるデータを追加した時には，多くの場合，オーバーフィッティングのモデルでは追加されたデータへの当てはまりは悪いものになります．

3.3.2 微分方程式モデルの作成に必要なもの

　微分方程式モデルを作成するには，ネットワーク構造とパラメータ，そして初期値が必要となります．まず初めに，ネットワーク構造について説明したいと思います．

　ネットワーク構造の決定は簡単ではありません．ネットワークの同定も，多くの生物学者が現在進行中で取り組んでる課題です．AKT 経路のネットワーク構造を図 2.3 で説明していますが，残念ながらこれが絶対に正しいというネットワークではありません．現在，「これが正しい」というネットワークは存在しないのです．また，過去の研究において間違っている知識が含まれているかもしれません．加えて，自分自身が興味のある細胞において，一般的にいわれているような分子が発現していないために，そもそもネットワークが異なるかもしれません．このネットワーク構造の同定のためには多くの論文を読み，自ら判断することでネットワーク構造を決定する必要があります．

　よって，現在わかっている知識で目的とする生命現象を表現せざるを得ません．えっ？そんな大雑把で良いのか？と思われるかもしれません．しかし，先にも説明したとおり，モデルは「自分の表現したい現象を説明」できれば良いのであり，さらに，何通りのモデルが存在しても問題ありません．もちろん，他の研究者から評価を受けて，良いモデルしか残らないと思いますが．なお，モデルのネットワーク構造が正しいかどうかを確認しながらモデルを作成する場合もあります．これはもう少し後に説明したいと思います．

　さて，次に必要なのがパラメータです．実験的に酵素反応や相互作用のパラメータを取得することは難しい課題です．分子によっては，過去の文献情報から値を見つけることができるかもしれません．皆さんは，同じ分子のパラメータなら同じ値になるはずだと思

うでしょう．そのように思われるのは当然です．しかし，同じパラメータであるはずの値が，論文によっては大きく異なる場合があります．

理由の1つとして，これらのパラメータのほとんどが試験管内で行われた実験によるものであることが挙げられます．論文の実験条件（たとえば，溶液の組成）が異なることによってパラメータが変わってしまうのです．さらに，得られたパラメータの値が仮に正しかったとしても，これらの値は試験管内で求められたものであり，実際の細胞内の値は大きく異なる可能性があります．なぜなら，たとえば細胞内のタンパク質濃度が試験官内よりずっと高かったり，細胞内局在の情報などが全く考慮されていなかったりするからです．このように，パラメータの値を求めることは思った以上に難しい作業になります．

では，どうしたら良いのでしょうか？　そこで私たちは，これらのパラメータを「推定」しています．多くの読者の方は「パラメータを推定して良いの？」と思うかもしれません．もちろん，皆さんの目的が「細胞の真のパラメータを知ること」であれば，問題かもしれません．しかし先にも述べたとおり，自分の表現したい特徴を表現するには「単純化」する場合があります．つまり，「同じ分子のパラメータ」だと思っても，実は測定されていない（できない）分子の影響が「単純化」されて，他のパラメータに吸収されている可能性があるのです（**図3.9**）．これらの理由から，自分の目的，つまりモデルによってパラメータの値が変わってしまう場合があるのです．実際に，我々を含めた多くの研究において実験結果を再現するようにパラメータが推定されています．

最後が初期値です．皆さんは微分方程式を解いたことがあるでしょうか？　微分方程式は式があるだけでは解くことがありません．

図 3.9 パラメータはいろいろな意味をもつ
生物学実験では多くの場合,すべての分子の挙動を測定することはできない.そこで,測定できない分子の影響を含めてパラメータを推定する場合が(多くの場合)ある.

同様に,微分方程式モデルにおいても分子の初期値が必要となります.初期値が異なるだけで,応答が変わる場合があります.

1細胞の応答を考えてみましょう.皆さんは,たとえば同じ培養皿の細胞なら,ある刺激を加えた時に同じように変化すると思いますか? それとも少しは異なると思いますか? それとも大きく異なると思いますか? 例として,PC12細胞をNGFで50分間刺激した時の1細胞あたりのpERKの量をお見せしたいと思います(**図 3.10**).このように,同じ培養皿内の細胞であっても,1細胞ごとのpERKの量は異なるのです.個人的には大きく異なると思いますが,皆さんはどうでしょう?

このような応答の違いの主な理由は,初期値の違い(たとえば,EGFで刺激した時の細胞内のタンパク質量の違い)に依存していると考えられていますが,実際のところは不明のままです.このように,細胞1つ1つを観察してみるとその応答は異なる場合があります.しかし,たとえば「臓器」のような機能体を考えてみると,全体としてはしっかり目的に合致した機能を生み出しているのです.生命とは不思議なものです.

モデルの作成やパラメータの推定を行えるソフトはいくつかあり

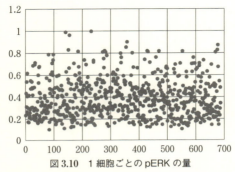

図 3.10 1 細胞ごとの pERK の量

同じ培養皿の細胞を NGF で刺激し,50 分後の pERK の量を測定した.1 つの点が 1 つの細胞での値を示す.応答している細胞もあれば,ほとんど応答していない細胞もある.縦軸は pERK の量,横軸は細胞の番号.

ますが,我々は MATLAB という有償のソフトを用いてこれらの作業を行っています.「パラメータの推定」といっても実は奥が深く,それだけで 1 つの分野を形成できるくらいです.なぜなら,我々が用いているような微分方程式モデルの「パラメータの推定」は,通常の方程式を解くように「解」が求まるものではありません.ランダムに数値を代入し,実験データを最も再現する「解」に近いものを求めます.しかし注意してほしいのは,この方法で求めた「解」は誤差を含めた実験データを再現する「解」になります.つまり,真の解ではないということです.

3.3.3 実験データを再現する微分方程式モデルの作成

初めに,実験条件を簡単に説明したいと思います.我々は先にも述べたとおり,Fao 細胞を用いてインスリン刺激を行い,インスリンシグナル伝達経路の応答(分子のリン酸化や遺伝子発現量)の時系列データを測定し,その挙動を再現する微分方程式モデルを作成することを目的としています.

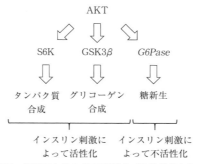

図 3.11 肝臓における AKT 経路の「生物学的な」役割
肝臓において，AKT 経路は主に代謝応答を制御している．AKT は S6K を介してタンパク質合成を，GSK3β を介してグリコーゲン合成を，*G6Pase* の遺伝子発現を介して糖新生を制御している．

インスリンシグナル伝達経路の応答の測定ですが，異なる濃度のインスリン刺激の応答を再現するために，異なる 5 つのインスリン濃度で Fao 細胞の刺激実験を行いました．そして，刺激後，任意の時点において細胞を回収し，先に説明した WB（ウェスタンブロッティング）でインスリン経路の中心となる AKT, GSK3β, S6K のリン酸化と *G6Pase* の発現量（RNA 量）を測定しました．

ここで，主に肝臓におけるこれらの分子の「生物学的な」役割を説明したいと思います（**図 3.11**）．AKT は増殖や生存を制御する分子で，インスリン刺激によって活性化されます．GSK3β, S6K, *G6Pase* はすべて AKT の下流に位置する分子です．GSK3β は細胞内にエネルギーの供給のために保存されるグリコーゲンと呼ばれる代謝物の合成を制御する分子です．GSK3β はインスリン刺激によってリン酸化されます．S6K は細胞内のタンパク質合成を制御する分子で，やはり，インスリン刺激によってリン酸化されます．*G6Pase* は糖新生と呼ばれるグルコースを合成するための分子で，インスリン刺激によって発現量が抑制されます．

つまりインスリン刺激により，肝臓細胞は AKT を介してグリコーゲン合成を活性化し，血中のグルコースを取り込んでグリコーゲンとして蓄積し，さらに栄養が豊富なためタンパク質合成を盛んにします．その一方で，血中にはグルコースが豊富にあるため，肝臓からのグルコース合成を止めるために $G6Pase$ の発現量を減少させます．このように，インスリン刺激によって下流の応答は協調的に制御されているのです．

さて，測定する分子も決まったので，実験データを取得することになります．今の段階では，これらの分子がどのような時間パターンを示すかは全く不明のままです．繰り返しになりますが，これまでの生物学の研究から AKT, GSK3β, S6K のリン酸化と $G6Pase$ の発現量が変動することはわかっていました．しかし，どのように増加・減少するかはこの時点で誰も（少なくとも論文レベルでは）検討したことがありませんでした．そこで我々は，何回も予備実験を行い，最終的に 0, 5, 15, 30, 45, 60, 120, 240, 480 分で 5 つの濃度，合計 43 点で測定を行うことにしました．

これら培養細胞の実験は，すべて培養皿を用いて行います．上記の分子の活性化状態を測定しようと思ったら，各ポイント 1 枚の培養皿から細胞を回収し，測定する必要があります．今回の実験では，AKT, GSK3β, S6K の活性化を WB で，$G6Pase$ の遺伝子発現量を qPCR で，という 2 種類の方法で測定する必要がありました．qPCR の「q」とは quantitative の頭文字の q であり，「定量的な」という意味です．つまり，qPCR というのは定量的な PCR という意味です（PCR の原理については Box 3 を参照してください）．培養皿の数でいえば，43 枚の倍の 86 枚がここでは必要となります．さらに，実験の再現性を確認するために，すべての点において同じ実験を 3 回行っていますので，86×3 = 258 枚になります！　もし，

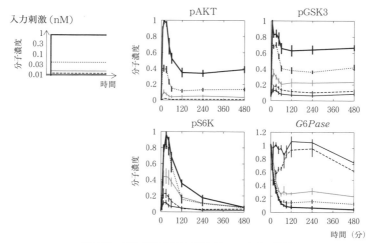

図 3.12 AKT 経路分子の時間パターンとその特徴

pAKT, pS6K, pGSK3β は WB で，G6Pase は qPCR で測定した．インスリン刺激は異なる 5 つの濃度を用いた．各点は 3 回の実験の平均を表す．

このような実験が物理現象を測定するように細胞を破壊せずに測定できるなら，こんなにも大量の細胞を用意する必要はありません．しかし，分子レベルで細胞の応答を明らかにしようとするには，多くの分子生物学実験は避けて通れません．生物の実験は難儀なものです．

次に，WB と qPCR で私が取得した実験データの特徴を説明します（**図 3.12**）．まず，上流分子の AKT ですが，これは 15 分程度をピークとする一過的パターンと 120 分以降に続く持続的パターンからなっています．下流分子の S6K は 15 分程度をピークとして 480 分程度で元の値に戻る一過的パターンからなっています．GSK3β は 10 分程度をピークとする一過的パターンと 120 分以降に続く持続的パターンからなっています．最後に，G6Pase の遺伝子発現は明瞭な一過的パターンはなく，60 分程度以降に続く持続的パター

ンからなっています.

ここで説明した特徴が,私が表現したい特徴,つまりモデルで説明したい特徴になります.これらの特徴を考えると,一見,pAKTの一過的パターンはpS6Kの一過的パターンとGSK3βの一過的パターンに,pAKTの持続的パターンはGSK3βの一過持続的パターンと$G6Pase$の遺伝子発現の持続的パターンに伝達されていると考えられました.つまり,S6K,GSK3βのリン酸化と$G6Pase$の遺伝子発現はAKTの異なるパターンに応答しているのではないかということです.

そこで,この異なるAKTのパターンの伝達機構を明らかにするために,微分方程式モデルを作成しました(**図 3.13**).ネットワー

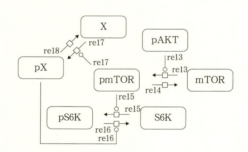

$$\frac{d[\text{pmTOR}]}{dt} = k_1 \cdot ([\text{imTOR}] - [\text{pmTOR}]) \cdot [\text{pAKT}]$$
$$- k_2 \cdot [\text{pmTOR}]$$
$$\frac{d[\text{pS6K}]}{dt} = k_3 \cdot ([\text{iS6K}] - [\text{pS6K}]) \cdot [\text{pmTOR}]$$
$$- k_4 \cdot [\text{pS6K}] \cdot [\text{pX}]$$
$$\frac{d[\text{pX}]}{dt} = k_5 \cdot ([\text{iX}] - [\text{pX}]) \cdot [\text{pmTOR}]$$
$$- k_6 \cdot [\text{pX}]$$

図 3.13 微分方程式による反応の表現(pS6Kを例に)

pAKTからpS6Kまでのネットワーク構造(上)と微分方程式(下).まだ同定されていない未知の分子Xを仮定することで,pS6Kの挙動を再現することができる.

クの構造は既存の報告をもとに作成しました．パラメータの推定は前述したMATLABというソフトを用いて行いました．簡単に「パラメータ推定」といっても，大変で簡単に求められるものではありません．実際にはスーパーコンピュータを用いても数日～数週間程度かかります（スーパーコンピュータといっても国内ランキングに載るような高性能なものではありません）．初期値は，実験データがあるものは実験値を，そうでないものはパラメータとして推定しました．

このようにモデルを作成しましたが，既存の知識を用いた「ネットワーク構造」だけではどうしてもS6Kの応答が再現できませんでした．これは，既存のネットワーク構造ではS6Kの応答を再現できないことを意味しています．S6Kは一過的な応答を示し，インスリン刺激による増加後，元に戻る波形を示しました．そこで，未知の分子Xを仮定し，ネットワークの構造をiFFLにすることでS6Kの一過的なパターンを再現しました（**図3.14**）．このように，微分方程式モデルであっても，1, 2個の分子であれば未知の分子を

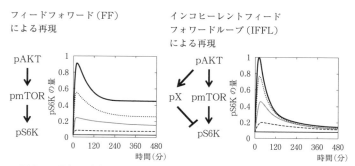

図3.14 既知の論文で推定したpS6Kの波形とIFFLによって推定した波形
過去の論文で調査したネットワーク構造（FF）では，pS6Kの一過的波形を再現することができなかった（左図）．そこで，未知分子Xを仮定しIFFLの構造を用いて（図3.13）モデルを作成したところ，一過的な波形を再現することができた（右図）．

仮定することで，ネットワーク構造（未知の分子）を推定することができます．

3.4 インスリンパターンに注目した研究でわかったこと

次に，上記の研究で明らかになったことについて説明します．

3.4.1 培養細胞レベルではインスリンの波形によって下流の分子を選択的に制御できる

ようやく微分方程式モデルができました．次のステップは作成したモデルを用いてそこからわかること，つまり新しい知見を得ることです．

(1) 微分方程式モデルでわかること

微分方程式モデルを作成してわかることは，「用いたネットワーク構造で実験データが再現できる」ということです．つまり，もし，そのネットワークが実験データを再現するのに最小限の構造であれば，その構造は「必要な」構造であるということがわかります（もちろん，他の分子が隠れている場合もあります）．次に，モデルのパラメータなどから50％効果濃度（EC_{50}：half maximal effective concentration）や時定数（後述）といった値をパラメータやシミュレーションから求めることができます．これらの値は次に説明するモデルの解釈などに重要になります．

EC_{50} は分子が最大応答の半分の値を示すのに必要な入力の量になります（**図3.15**）．この値が小さいと，少ない入力でも十分に応答できます．このような応答は入力に対して感受性が高いといいます．入力が EC_{50} に対してずっと大きい場合には，応答がすでに最大値に達しているため（飽和しているため），それ以上の応答をす

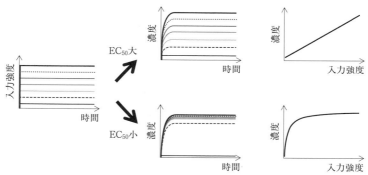

図 3.15　50％効果濃度 (EC$_{50}$) とは？

EC$_{50}$ は入力刺激に対する感受性を示す指標である．入力刺激に対して EC$_{50}$ が大きい場合には，入力刺激に対して同じような感受性を示す．この時，入力強度に対する下流分子の濃度は直性に近くなる．その一方で，EC$_{50}$ が小さい場合には，入力刺激に対して感受性が高くなる（低濃度で最大活性に達する）．この時，入力強度に対する下流分子の濃度は飽和した応答になる．

ることができなくなります．逆に EC$_{50}$ が入力の最大値よりも大きい場合には，入力と応答は比例に近い関係となります．

　時定数は，上流分子に追随するのにどの程度の時間がかかるかという指標です（**図 3.16**）．時定数が小さいと上流分子に追随する時間が短くてすみます．つまり，下流分子のパターンは上流分子のパターンと同じようになります．しかし時定数が大きいと，上流分子が速く変化した場合，下流分子はその変化に追随することができません．いわゆる「なまった」パターンになります．線形のシステムにおいて時定数は厳密に求めることができ，いろいろな意味合いがあります．詳しくは専門書を参考にしてほしいのですが，簡便な求め方として，定常値の 63.2％ に達する時間になります（図 3.16）

(2) 微分方程式の応答を解釈する

　AKT 経路に注目するといいましたが，特に我々が注目したのは

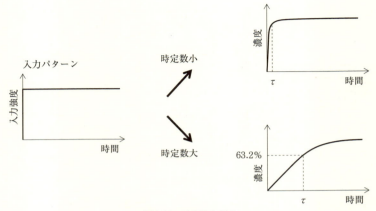

図 3.16 時定数とは？

時定数は上流分子に追随するのにどの程度時間がかかるかを示す指標．時定数が小さい場合には，入力パターンと同じようなパターンを示す．一方，時定数が大きい場合には，入力パターンがなまったパターンを示す．なお，簡便的な時定数の求め方として，定常状態の値の 63.2% に達した時間 (τ) がある．

AKT の下流で経路が「分岐している」ということでした（図 3.11 参照）．今まで報告されてきた論文において研究者が注目していた経路は，単独の，一本道に近い経路でした．シグナル伝達経路は下流の複数の経路を制御します．我々が今回注目した AKT 経路は，AKT という分子の下流に GSK3β, S6K, $G6Pase$ といった分子が存在します（実際にはもっと複数の分子が存在しています）．ここで疑問に思うのは，この3つの分子はすべて同じように制御されているのか？それとも，異なって制御されているのか？ということです．異なった制御であればどのような違いがあるのか？という疑問が湧いてきます．この問題を明らかにするために，分岐していて，それぞれの経路が比較的よく理解されている AKT 経路に注目しました．もしこれらの分子が異なって制御されているのなら（もちろんそれを期待しているのですが），その制御機構を明らかにしよう

と考えました.

　経路が分岐せず単一の場合,上記で説明した EC_{50} や時定数といった指標はあまり意味をなしません.しかし分岐する経路の場合は,それぞれの分岐した経路で比較することができます.そこで,このような値を下流分子同士で比較することで,特徴が理解できるのではないかと考えました.

　S6K の特徴は EC_{50} や時定数では説明できず,ネットワークの構造が重要です(図 3.14).S6K は iFFL というネットワーク構造のためにインスリンの増加速度に応答することが推測されました.そこで,まずは微分方程式モデルを用いたシミュレーションを用いてインスリンのランプ刺激を与えたところ(**図 3.17**),予想どおり,一過的パターンが減少しました.また,一過的刺激であるパルス刺激に対してはステップ刺激と同じようなパターンを示しました.そこで,これらのシミュレーションによる推測を実際の実験で確認したところ,予測どおり S6K はインスリンの濃度変化に応答していることが確認できました.つまり,pS6K の一過的パターンは上流分子である pAKT を介してインスリンの濃度変化を捉えていることがわかりました.

　その一方で,GSK3β のリン酸化と *G6Pase* の遺伝子発現は前向き制御(フィードフォワード:FF)の構造です.先にも特徴を説明したとおり,GSK3β のリン酸化は一過的パターンと持続的パターンからなっている一方で,*G6Pase* の遺伝子発現は持続的パターンだけからなっています.つまり,同じ FF の構造にもかかわらず,この 2 つの分子は pAKT の異なる時間パターンを伝達していました.それでは,この分子機構は何でしょうか(**図 3.18**)?

　異なる時間パターンを伝達する理由の 1 つはローパスフィルタの特徴によるものです.微分方程式モデルから求めた GSK3β のリン

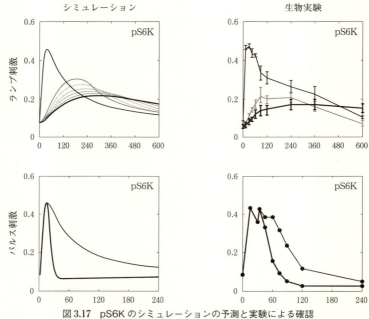

図 3.17 pS6K のシミュレーションの予測と実験による確認

上記で作成したシミュレーションを用いて pS6K の挙動を予測し,実験で確認した.インスリンのランプ刺激を用いて刺激をゆっくりにすると,pS6K の一過的パターンは減弱した.その一方で,パルス刺激に対する pS6K の最大値の応答は同じであった.縦軸は pS6K の量,横軸は時間(分).

酸化の時定数は 1.6 分であり,$G6Pase$ の遺伝子発現の時定数 18.4 分よりも 10 倍以上小さいことがわかりました.GSK3β のリン酸化の時定数は,上流分子の pAKT の時間パターン,特に一過的パターンにも十分追随できるだけ小さいものでした.その一方で,$G6Pase$ の遺伝子発現の時定数は,pAKT の一過的パターンに追随できるだけ小さいものではありませんでした.この時定数の違いから,GSK3β のリン酸化は pAKT の一過的および持続的なパターン

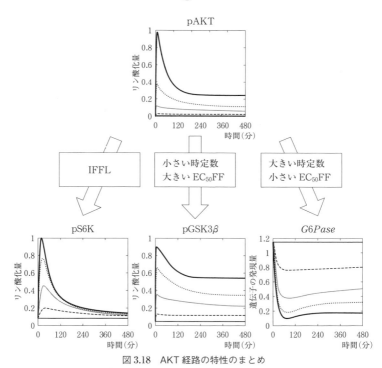

図3.18 AKT経路の特性のまとめ

pS6KはIFFLの構造ためにpAKTの濃度変化に応答している．pGSK3βは小さい時定数と低感受性のFFのため，pAKTと似たパターンとなる．G6Paseは大きい時定数と高感受性のFFのため，pAKTの速いパターンには応答できず，なまった応答となり，pAKTの一過的波形がなくなる．

に追随できる一方で，$G6Pase$の遺伝子発現はpAKTの一過的パターンには応答できないものの，持続的パターンに追随できるという違いが生まれました．これらの結果，pGSK3βの一過的パターンはpS6Kのそれとは異なり，pAKTの濃度変化に応答しているわけではなく，pAKTの時間パターンに単に追随しているだけであることがわかりました（**図3.19**）．

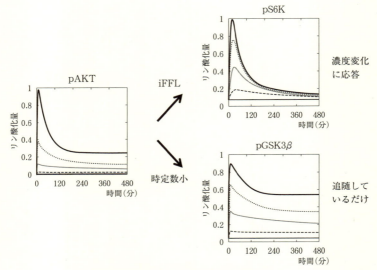

図 3.19 pS6K と pGSK3β の一過的応答の違い

pS6K の一過的応答は，iFFL のために pAKT の「濃度変化」に応答して一過的応答を示す．その一方で，pGSK3β の一過的応答は濃度変化に応答しているのではなく，pAKT の一過的応答に追随しているだけである．

また，GSK3β のリン酸化と $G6Pase$ の遺伝子発現の違いがもう 1 つありました．先に FF の特徴として，入力の濃度の情報に応答していると説明しました．つまり，GSK3β のリン酸化と $G6Pase$ の遺伝子発現はともに濃度の情報に応答していると予測されますが，その応答に違いがあるのではないかと考えました．そこで，濃度の情報の伝達を定量的に比べるために EC_{50} を比較しました．GSK3β のリン酸化の pAKT に対する EC_{50} は 0.31 であり，$G6Pase$ の遺伝子発現のそれは 0.06 でした．この EC_{50} の違いはそのままインスリン濃度に対する感受性の違いを示しています．GSK3β のリン酸化の EC_{50} は比較的大きく，インスリンの濃度の情報をある程度正確

に伝達できます．その一方で，$G6Pase$ の遺伝子発現の EC_{50} は非常に小さく，基礎のインスリン量からわずかに増加するだけで急激に最大応答を示します．これは，先に説明したスイッチ応答と少し違いますが，低濃度からのスイッチのような応答になっていると考えられます．

GSK3β のリン酸化と $G6Pase$ の遺伝子発現の予測についても，やはり実験で確認しました．その結果，GSK3β のリン酸化と $G6Pase$ の遺伝子発現はともに AKT を介してインスリンの濃度に応答しているものの感受性が異なること，そして AKT への時定数が異なることを確認しました．

(3) 入力波形を考える

このように培養細胞を用いた応答の違いだけでも AKT の下流分子が異なる情報処理を行っていることがわかりました．しかし生体内を考えた場合，これだけではインスリン刺激の情報処理を理解するには不十分です．思い出してください．なぜなら，生体内のインスリンパターンは複数存在するからです．上記までの解析では，細胞のシステムを理解しただけです．ラジオが実際にどのような役割を行っているかを知るには，ラジオが受けとっている「情報」も理解する必要があります．よって AKT 経路においても，システムについてだけでなく，AKT 経路がインスリンパターンにどのよう応答しているかを明らかにする必要があります．しかし，実験で繰り返し刺激を行うことは非常に難しいため，繰り返しではなく，1つの波形に対する応答を予測し，これを実験で確認しました．

その結果，S6K は追加分泌に応答しやすいこと，GSK3β のリン酸化はすべての波形に応答しやすいこと，そして，$G6Pase$ の遺伝子発現は基礎分泌に応答しやすいことが明らかになりました（**図3.20**）．

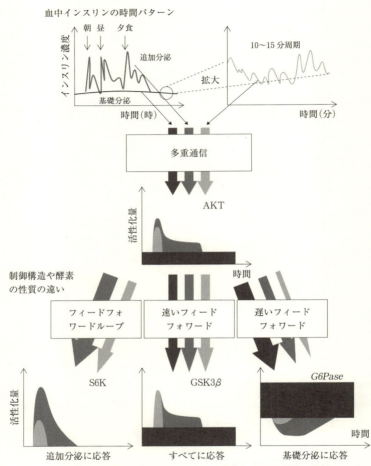

図 3.20 生体内のインスリンパターンを考慮した AKT 経路の役割

pS6K は追加分泌様刺激に応答しやすく，pGSK3β はすべての分泌パターンに応答しやすい．*G6Pase* の遺伝子発現は基礎分泌様刺激に応答しやすい．

これらの結果は，生体内の応答を考慮した場合は理にかなっています（図3.11）．たとえば，S6K はタンパク質合成に関与しているため，栄養が豊富な食後に応答しやすいことが推測されます．実際に，通常インスリンが分泌されるのは食後なので，つじつまが合います．また，pGSK3β はグリコーゲン合成に関与しているため，栄養状態（血糖値）に敏感に応答する必要があります．そのため，すべてのインスリンパターンに応答しやすいことが推測できました．最後に，*G6Pase* の遺伝子発現は糖新生に関与しているため，基礎分泌に応答しやすいことが推測できました．このように，我々が導き出した実験結果からの解釈は，すべて理にかなっていることがわかります．

このような解析の結果は，培養細胞を用いたことによるものです．これらの結果は，生体内におけるインスリンパターンによるシグナル伝達経路の選択的制御の存在と，その分子機構の端緒を明らかにしました．

(4) 代謝応答もインスリンパターンにより選択的に制御されている

我々は上記の研究から，AKT 経路というインスリン刺激の入力のいわば「入口」がインスリンパターンによって選択的に制御されていることを明らかにしました．それでは，その下流の代謝物量や遺伝子発現はどうなっているのでしょうか？　そこで我々は，次に代謝物量や遺伝子発現がどうなっているのかを検討しました．このように研究というのは，ある結果をもとに疑問が生まれ，さらに次へとつながっていくのです．そこで簡単にですが，これらの研究について説明したいと思います．

インスリンの主たる目的は，生体内の臓器における代謝応答の制御です．そこで我々は，網羅的な代謝産物の時系列データを取得し

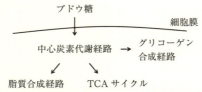

図 3.21　中心炭素代謝経路に注目した細胞内の代謝制御

細胞外から取り込まれたグルコースは中心炭素代謝経路を介してグリコーゲン合成やTCAサイクル，脂質合成経路へとつながっていく．これらの経路はインスリンによって制御されていることが知られている．

ました．そして，特に代謝経路でもインスリン刺激による制御が重要であると考えられる中心炭素代謝経路に注目しました（**図 3.21**）．中心炭素代謝経路とは，代謝経路の入口として血管から糖を取り込み，さまざまな代謝産物へと作り変えていく最初の経路になります．たとえば，グリコーゲンは中心炭素代謝経路の上流で分岐しています．下流では，TCAサイクルと呼ばれるエネルギー合成の中心的な役割を担う経路へとつながっています．中心炭素代謝経路から脂質合成へもつながっています．中心炭素代謝経路が上流から下流に流れることを，グルコースが分解されるということで「解糖系」，逆に流れることをグルコースを合成するということで「糖新生」と呼んでいます．

我々は，これらの代謝応答を再現する数理モデルを作成することで，上記で説明したAKT経路と同様の解析を行い，細胞内の代謝物もインスリンの時間パターン依存的に制御できることを明らかにしました．たとえば，グリコーゲン合成やTCA経路へと続く解糖系は基礎分泌様の刺激には応答できませんが，15分程度の刺激や追加分泌に応答できること，糖新生はすべてのパターンに応答できることが明らかになりました．これらは，先に述べたAKT経路の結果で説明できる結論もありましたが，そうでない結論もありまし

た.これらの相違は,AKT 経路と代謝応答の間にも未知の制御機構が存在していることを意味していると考えられます.

(5) 遺伝子発現もインスリンパターンにより選択的に制御されている

次に,遺伝子発現もインスリンのパターンによって選択的に制御されているかどうかを検討しました.インスリンは遺伝子発現変動を誘導し,最終的にはタンパク質の量を変えることで細胞の状態を制御していると考えられています.たとえば,AKT 経路の選択的制御で注目した $G6Pase$ の遺伝子発現もそうです.遺伝子発現はシグナル伝達と比べて時間がかかると考えられています.なぜならシグナル伝達経路と比べて,遺伝子発現の制御は複雑だからです.実際に,$G6Pase$ の遺伝子発現の時定数が pGSK3β のそれよりも 10 倍以上大きいと述べました.これは遺伝子発現を誘導するのに複雑な機構が存在するためですが,これらの違い(時間的制御)も含めて細胞は生命応答を制御しているのです.ちなみに,$G6Pase$ の遺伝子発現の速さ(時定数)は他の遺伝子の発現よりもずっと速いことが経験的にわかっていました.ほとんどの遺伝子発現変動は $G6Pase$ のそれよりも遅いのです.

そこで,遺伝子発現もインスリンの時間波形によって選択的な制御が行われているかを検討するために,網羅的な遺伝子発現の時系列データを取得しました.本研究では,先に説明したマイクロアレイという方法ではなく,次世代シークエンサーと呼ばれる,遺伝子産物を網羅的に"読む"方法を用いて測定を行いました.これにより,網羅的な遺伝子変動の時系列データを取得することができました.

Box 7　次世代シークエンサーによる遺伝子発現変動解析の原理

　次世代シークエンサーによる遺伝子発現の測定方法を簡単に説明します．シークエンサー技術の向上により，遺伝子産物を読むスピードが上昇し，コストが減少しました（50塩基程度の，数千万の遺伝子産物を読むことが数万円でできるようになりました）．これらの技術の向上により，細胞内の遺伝子産物を（可能な範囲で）すべて読むことができるようになりました．そこで，「遺伝子の発現量＝シークエンサーで測定された回数」と近似し，遺伝子の発現量を比較できるようになりました．

　この手法であれば発現している遺伝子産物をランダムに測定しているため，マイクロアレイのようにすでに決まった遺伝子だけを測定する必要がありません．さらに，未知の遺伝子（遺伝子ではなくとも構いません）も同定可能という長所があります．

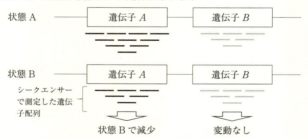

図　次世代シークエンサーによる遺伝子発現の解析

細胞内の RNA を数千万断片測定する（断片の長さは通常数十〜100 塩基程度）．これらの断片をそれぞれの遺伝子に張りつけることで，その遺伝子の発現量を推定することができる．状態 A と状態 B の同じ遺伝子上の断片の数を比較し，それぞれの状態の遺伝子の発現量を比較することができる．

　上記の測定とモデル作成の結果，インスリン刺激によって増加する遺伝子群と減少する遺伝子群で大きく性質が異なることがわかりました．増加する遺伝子群の時定数は減少する遺伝子群の時定数よ

りも有意に小さく，EC_{50} は有意に大きいことがわかりました．そして，これらの性質は遺伝子発現を調節する転写因子の制御機構が生み出していることを予測しました．これらの結果，増加する遺伝子群は追加分泌様刺激に，減少する遺伝子群は基礎分泌様刺激に選択的に制御されていることが推測されました．

これらの研究から，細胞内においてシグナル伝達経路，代謝応答，遺伝子発現がインスリンパターンによって選択的に制御できることが明らかになりました．つまり，細胞の応答制御において，刺激の時間パターンによる制御が細胞にとって一般的な原理であることが明らかになりました．これらの研究は，細胞もラジオなどと同様に，「受信する入力のパターン」が重要である，ということを意味しています．

興味深いことに，真似をしたわけではありませんが，人は情報を遠方へ伝達するため，電波という媒体に波形として情報を載せ，ラジオで受信するシステムを作成しました．しかし，生物はそれよりもずっと昔から，遠方の細胞へ情報を伝達するためにホルモンという媒体に波形という形で情報を載せていたのです．これは，一種の収斂進化（同じ目的をもつが，起源が異なる進化：鳥の羽と昆虫の羽など）のように思えます．こう考えると生物というのは，進化という道筋を通って，なんと精妙なシステムを構築してきたのかと感心してしまいます．

3.4.2 個体レベルでもインスリンの波形によって下流の分子を選択的に制御できる

上記の研究はすべて培養細胞で行った研究です．ご存知のとおり，培養細胞はがん細胞由来の細胞であり，不死化した細胞です．それでは，上記で明らかにした特徴は我々の体内でも存在する特徴

・使用する動物は？
・どうやって刺激する？
　—チューブ
　—注入方法
　—チューブの挿入は？
・液の混合は？

図 3.22　個体を用いてどうやって実験を行うか？
刺激のアイデアが決まっても，実際に実験を行うには決定すべきことが沢山ある．

なのでしょうか？　以上までの培養細胞の研究から，インスリンによって選択的に制御できる分子機構が細胞内に存在することがわかりました．そこで，選択的制御の一般性を明らかにする次のステップとして，個体レベルでの検証に取り組みました．

まず，実験系の構築から始めました．生体内で実証するためには生きている個体を使用する必要があります．しかしこれまでの個体を用いたインスリン研究では，インスリンパターンに注目した研究はほとんどなく，個体を用いたインスリン実験のほとんどは，実際の生体内におけるインスリン分泌の場所（門脈）以外からのインスリン刺激でした．そこで，比較的大きいラットを用いて，生体内においてインスリンが分泌される門脈から刺激を行うことにしました．

簡単に刺激を行うといいましたが，それさえも簡単にはできません（**図 3.22**）．たとえば，ラットの血管に薬液を注入するチューブはどうすれば良いか？どのように血管にチューブを挿入するのか？液の混合はどうするのか？どのように薬液を注入するのか？などです．これらの作業は主に培養細胞や酵母を扱ってきた私にとって未知の領域でした．共同研究で知り合った医学部や工学部の研究者に相談することで，上記に対する多くのアドバイスをもらいました．

このように，実験系のアイデアが決まっても行うことはまだまだたくさんあります．そこで，これらの検討を一から行い，実験系

を1つずつ組みあげていきました．皆さんは大変だと思いますか？面倒だと思いますか？　私個人としては，時間がかかったものの面白い作業でした．定量的なデータが重要であるシステム生物学において，再現性の良い実験系を構築できることは重要であり，かつ強みでもあります．

　ラットを用いた実験系を組みあげた後，Fao細胞の時と同様に，分子の挙動の時系列データを取得しました．まず驚いたことは，いくつかの分子の時間パターンがFao細胞と異なっていたことでした．たとえば，Fao細胞で観察されたpAKTとpGSK3βの一過的なパターンが観察されなかったのです．その一方で，S6Kが一過的パターンのみを示したり，*G6Pase*の遺伝子発現が持続的なパターンしか示さなかった結果は，Fao細胞のそれらと同じでした．これらの結果は，当たり前かもしれませんが，培養細胞はある程度生体内の応答を保持しているものの，生体の応答とは異なる場合があるということです．

　さて，肝臓におけるAKTなどの分子のパターンがFao細胞と異なる結果となりました．それぞれの分子間の応答も肝臓とFao細胞で異なるのでしょうか？　たとえば，Fao細胞におけるpGSK3βはローパスフィルタの特性をもち，時定数が小さいため上流分子であるpAKTのパターンに類似したものになりました．それでは，同じpGSK3βにおいて，上流分子であるpAKTのパターンが変わったらどうなるでしょうか？　もちろん，「パラメータが同じ」であるにもかかわらず，pGSK3βのパターンは変わります．つまり，分子のパターンを眺めただけでは，分子の性質（パラメータ）が異なっているかどうかを判別することは難しいのです．

　性質（パラメータ）が同じかどうかを検討する目的に対しては，微分方程式モデルが非常に有用です．なぜなら，もし，肝臓とFao

細胞における AKT 経路の制御システムが異なれば，ネットワーク構造やパラメータ，初期値のいずれか，またはすべてが異なるからです．もし生化学的にこの違いを明らかにしたいと思えば，難しいものとなります．1つの解決方法に，肝臓・Fao 細胞から AKT を生成し，pGSK3β に対する酵素活性を検討する方法が挙げられます．たしかにこの方法は直接的ですが，先にも述べたとおり，試験官内での反応になるため，本当に細胞内の反応を反映しているかは不明のままです．

このように，肝臓における AKT 経路の分子の微分方程式モデルを作成しました．その結果，肝臓と Fao 細胞における pAKT から pGSK3β の反応はほとんど同じであることがわかりました．Fao 細胞と同様に選択的制御の検討を肝臓でも行った結果，細かい特徴は Fao 細胞と異なりますが，生体内の肝臓においてもインスリンの時間パターン依存的に下流分子を選択的に制御できることが明らかになりました．これらの結果は，糖尿病患者におけるインスリン投与による治療において，インスリンの投薬パターンが重要であることを意味しています．余談になりますが，生体内におけるインスリンを含めたホルモンの分子レベルでの作用を微分方程式モデルで再現したのは，我々が世界で初めてとなります．

細胞を丸ごと理解する

通常の生物学では,すべての分子の機能を明らかにすることで細胞(生命)全体を理解しようとしています.しかし,細胞内の分子は膨大な数の分子によって制御されています.「千里の道も一歩より」という言葉がありますが,これが細胞(生命)全体を理解する唯一の手法なのでしょうか?

4.1 一部の部品からラジオの機能を理解できるか?

組み立て図がない機械をどうやって理解するか? まさしく細胞の理解は,組み立て図がない機械を理解しようとしているようなものです(DNA という設計図は手に入りました).組み立て図がない機械に対してその部品の役割を理解しようとした場合,部品を外すことでその部品の役割を推定するということを話しました.たしかに,これは設計図のない機械を理解するためのシステマティックな方法です.しかし,多くの研究者は自分の興味ある数個の分子に注目して研究を行ってきました.つまり,生物の部品を外すといって

も，研究者の興味のある現象に関与する部品を外す程度です．このような方法では，興味ある現象をある程度理解できても，細胞全体を理解するのには時間がかかります．読者の皆さんは，このような方法でも研究者の興味ある現象の結果を持ち寄り，合わせれば細胞（生命）が理解できるのではないか？と思われるかもしれません．しかし，実際はそんなに簡単ではないのです．

4.2 個別研究を持ち寄って全体を理解できるか？

皆さんは，ヒトを形作る細胞が何種類存在するかご存知でしょうか？ 実は，200種類程度存在すると考えられています．ヒト1人の遺伝子はもちろん1セットです．その同じ遺伝子から，異なる細胞が200種類程度も生み出されているのです．一言で「細胞を理解する」といっても，その細胞は200種類もあります．研究者の興味ある現象といいましたが，それはその研究者が実験に用いている細胞においての話です．もしかすると，私の用いている細胞においてその現象が存在しないかもしれませんし，存在したとしてもその応答は異なっている可能性が高いのです．

研究者が行っている実験の条件も異なります．実験条件が異なれば実験結果も異なる場合があります．興味深い例をお話ししましょう．実験動物のマウスを飼育している会社は世界に複数あります．そして，遺伝的背景が全く同じマウスが異なる会社で飼育されている場合も多々あります．ここで興味深いのは，遺伝的背景が同じマウスであるにもかかわらず，購入する会社が異なると実験結果が異なる場合があるということです．もちろん，同じ会社から購入した場合には，同じ結果が得られます．これは不思議な現象でした．しかしその後，このような現象に腸内細菌が関与していることが明らかになりました．腸内細菌は，その名のとおり腸内に存在する細菌

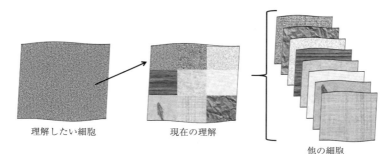

図4.1　現在の細胞を理解するアプローチは？
本来，細胞を理解するとは，一枚布でできたハンカチを理解するように「同じハンカチ」を理解すべきである．しかし現在のアプローチでは，他のハンカチの結果を貼り合わせて「パッチワークのハンカチ」を理解しようとしているようなものといえる．

で，大量の種類が存在します．この種類とその割合は環境によって異なります．つまり，購入会社によって実験結果が異なったのは，飼育環境の違いにより腸内細菌が異なったことに原因があったのです．生物の実験はなんて制御しづらいのでしょうか！

　このような研究状況で異なる研究者の異なる実験結果を合わせることは難しく，危険なことがわかっていただけたと思います．もちろん，同じような結果を得られる場合も多数あります．しかし，得られた結果が他の細胞でも共通する結果なのかそうでないのかは，確認の実験を行うまでわからないのです．つまり，本来一枚布でできているハンカチをパッチワークのように理解しようとしているようなものです（**図4.1**）．このような理由から，論文などで報告のある実験系が自分の実験系と異なる場合，他の論文の結果は参考にしかならず，完全に信用することはできないのです．

　実際に，我々がインスリンの研究を始めた当時，多くの論文を読み，調査したと述べました．その中で，重要であると思われる分子に注目し，準備的な確認を行いましたが，いくら検討しても参考に

した論文の結果を再現することができない場合がありました．この理由としていくつかの原因が挙げられます．たとえば，①彼らの実験結果が間違っている，②細胞種を含めた実験条件が異なる，③我々の実験がうまくいっていない，などです．どのような理由かはわかりませんが，再現できなかったことには変わりません．しかし，その理由を確かめることは難しいですし，それが目的ではありません．このような理由から，異なる実験条件から得られた知識の統合は非常に難しいのです．

4.3 網羅的なオームデータをつなげて細胞を理解する？

その一方で，近年，DNA・RNA・タンパク質・代謝物といった分子群を網羅的に測定できるようになってきました．このような各「階層」の分子群を〜オームと呼びます（**図4.2**）．たとえば，DNAの階層の一群を「ゲノム」，RNAの階層の一群を「トランスクリプトーム」，タンパク質の階層の一群を「プロテオーム」，代謝物の階層の一群を「メタボローム」といった具合です．近年では，これ以外の網羅的データも「〜オーム」と呼ばれています．

そこで我々は，他の既存論文の結果からネットワーク構造を推定するのではなく，実験データから細胞内のネットワークを再構成する研究方法を考えました（参考文献4）．自分自身の興味ある実験条件で多階層のオームデータを取得し，情報学的・数理的解析方法を用いて入力刺激から出力までの細胞内ネットワークを明らかにしようと試みたのです（**図4.3**）．我々はこのような解析方法を「トランスオミクス解析」と呼んでいます．「トランス」とは「横切る」という意味であり，トランスオミクス解析はオーム階層を横切って解析するという意味合いを込めています．

インスリンのような刺激は，細胞内部の複数の階層にまたがる分

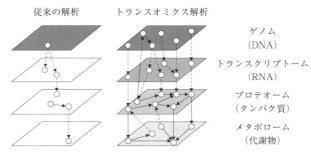

図 4.2 細胞は〜オームと呼ばれる階層によって構成されている

細胞内の分子は「〜オーム」と呼ばれる階層にまたがる分子群によって制御されている．従来の解析では数個の分子に注目して，または，単独の階層に注目して研究が行われてきた．トランスオミクス解析とは各階層にまたがる複雑なネットワークを再構築し，その全体像を明らかにする解析である．

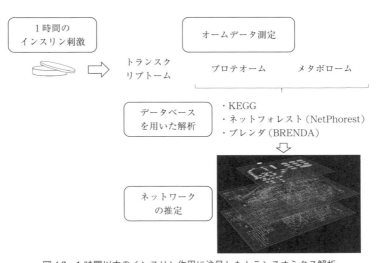

図 4.3 1時間以内のインスリン作用に注目したトランスオミクス解析

Fao 細胞をインスリン処理し，オームデータの測定を行った．データベースを用いて取得した実験データから，多階層にまたがるネットワークを推定した．

子群の量を変動させることによって細胞の状態を変化させます．もし，多階層にまたがった変動する分子群を網羅的に測定できるとしたら，そこから細胞内の応答の全体像を理解できるかもしれません．そこで我々は初めに，1時間以内の短期のインスリン応答に注目しました．1時間であればインスリン刺激による遺伝子変動はほとんどなく，たとえ遺伝子変動があったとしてもそこから翻訳されるタンパク質量はほとんど変動しないと考えたからです．そこで，1時間以内のインスリン作用に重要である代謝物変動とリン酸化タンパク質量の網羅的な測定を共同研究で行いました．また，確認のため，網羅的な遺伝子変動についても測定を行いました．

実はこのメタボロームとリン酸化プロテオームは当初，別個のプロジェクトとして研究を行う予定でした．しかしそれと同時に，この2つのデータを用いて何かできないかとも考えていました．先にも述べたとおり，私はこのシステム生物学という分野に飛び込む前には酵母を用いた研究を行っていました．この酵母研究の分野では長年の研究の蓄積とそれをまとめた情報が「データベース」として公開され，Webで閲覧・使用できました．実際にその頃我々も，研究にデータベースを利用していました．そこで思いついたのが，「データベース」の使用でした．特に，Kyoto Encyclopedia of Genes and Genomes (KEGG) と呼ばれるデータベースは代謝と代謝酵素の情報が網羅的に含まれており，その信頼性も高いと考えていました．

当初はアイデアだけでなんとかなると思っていた統合も，実際に行うと山のような課題があることがわかりました．ちょうどその時，新しく参加した研究室の同僚がこのような課題の対応に詳しく，共同して研究を行うことになりました．この頃私は，別のプロジェクトも抱えていたため，統合の処理はその後この同僚が中心

となって行い，私は検証実験を担当することになりました．ここでも，縁というのは不思議なもので，同僚の参加がなければ以下の仕事はなしえなかったと思います．

4.4 実験データを用いてネットワークを再構築する

それでは次に，我々がどのようなアイデアで網羅的な実験データからインスリンの細胞応答を明らかにしたかについて説明したいと思います．ここでの解析は，通常の解析とは大きく異なります．大量のデータからどのように細胞内のネットワークを再構築するか，細胞のネットワークとはどういうものなのか，イメージをもってもらいたいと思います．

4.4.1 インスリン応答のネットワークを再構築する
(1) 変動代謝物の同定（図 4.4A）

インスリンの最も重要な作用は細胞内の代謝状態を変化させ，血糖値を減少させることです．インスリンが細胞内の代謝をどのように変化させているかを明らかにすることは，インスリンの作用，そして糖尿病の理解に重要です．そこでまず，インスリンの出力（目的）である細胞内の代謝変動に注目しました．本実験は培養細胞を用いた比較的短時間の実験（1時間）であるため，培地の成分の変動は無視できると考えられます（グルコースも培地中に大量に存在しているため，グルコース量の変動も無視できます）．また 1 時間という実験時間は，細胞の応答とすると比較的短い時間になります．しかし，この間に代謝物量は劇的に変化し，異なる定常状態に遷移します．

この間に変動した代謝物は，インスリン刺激によって変動した代謝物であると仮定することができます．このような変動は「過渡応

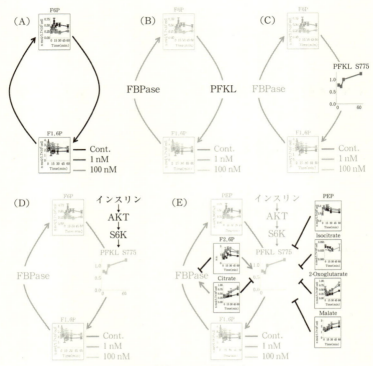

図 4.4 統合オミクス解析の流れ

フルクトース 6 リン酸 (P6P) からフルクトース 1.6 ビスリン酸 (P1,6BP) に注目した解析の流れ．A〜E の追加した反応がそれぞれのステップになる．詳しくは本文を参照．

答」と呼ばれる刺激後応答が安定する「定常状態」に落ち着くまでの応答に注目しているからであり，「定常状態」の応答とは少し違うことに注意してください．

次に，メタボロームの時系列データ（304 種類同定）の過渡応答のデータから有意に濃度が変動した代謝物をインスリン刺激の標的代謝物として抽出し，44 個同定しました．説明（図 4.4）ではフル

クトース6リン酸がフルクトース1,6ビスリン酸に変換される反応に注目したいと思います（図4.4A）．

(2) 責任代謝酵素の同定（図4.4B）

これらの代謝物はどのような理由で変動しているのでしょうか？代謝物の量はリン酸化などの応答と異なり，「生成」と「消費」のバランスによって制御されています．リン酸化はリン酸化されるタンパク質量が100％リン酸化されればそれ以上増えることはありません（タンパク質量が増加すれば別ですが，今回の条件ではタンパク質量の増加は無視できると考えています）．その一方で，注目している代謝物量は上流の代謝物からの「生成」が増加すれば増えることができます．また逆に，下流分子への「消費」が減少しても増えることができます．注目している代謝物が減少する場合はこの逆になります．

実際の「生成」と「消費」は代謝物量にも依存するため，説明したとおりにはなりませんが，概念的には理解できると思います．つまり，代謝物の量が変動するためには，「生成」と「消費」のどちらかが変動する必要があります．この代謝物の「生成」と「消費」を司るのが，注目する代謝物の前後に位置する代謝酵素です（図4.4B）．そこで，有意に濃度が変動した代謝物の前後に位置する代謝酵素を「責任代謝酵素」として，KEGGデータベースを用いて198個同定しました．つまり，44個の代謝物量を変動させている可能性のある代謝酵素を選択することができました．

ここで，どのように代謝酵素が制御されているか考えてみたいと思います．代謝酵素の制御として，以下の3つが考えられています．

① 代謝酵素量の変化

　これは読者の皆さんもすぐに思いつくと思います．代謝物の制御を行っている代謝酵素の量が変動すれば，その全体の活性（個別の酵素の活性ではありません）も変わります．しかし，本実験条件（1時間以内）では代謝酵素量の変化はないと考えられますので，本研究では考慮しません．

② リン酸化などによる活性の変化

　ここまで述べてきたとおり，生体内のタンパク質の多くはリン酸化によってその活性が制御されています．これは，代謝物の量を制御している「代謝酵素」にもいえることです．これまでにもリン酸化によって制御される代謝酵素はいくつも報告されてきました．

③ アロステリック制御による活性の変化

　アロステリック制御とは，タンパク質の活性が代謝物などの化合物によって制御されることです．過去の研究から，代謝酵素の多くは代謝物によってその活性が制御されていることがわかっています．たとえば，下流の代謝物量が増えすぎれば，増えすぎた代謝物が上流の代謝酵素に作用し，その活性を減弱させます（または増加させます）．これは，負のフィードバック制御です．また逆に，下流の分子が上流分子を活性化することで正のフィードバックとして作用し，スイッチのような応答を行うことができます．このような作用は代謝物量の制御に重要です．そして，これも過去の知見がたくさんあり，データベースとして整備されています．

　今回の実験条件（1時間以内）では，②と③の制御を以下の方法で統合し，ネットワークを作成しました．

(3) リン酸化された責任代謝酵素の同定（図 4.4C）

　初めに，リン酸化による代謝酵素の制御を考えました．そこで，リン酸化プロテオームデータからリン酸化量が変動した代謝酵素を探索しました．リン酸化の変動した代謝酵素が，代謝物量を変動させたと考えたのです．そこで，代謝酵素のリン酸化状態とその酵素が制御する代謝物量の両方が変動している部位を探すことにしました．ここでのポイントは，単独のオームデータから情報を抽出するのではなく，両方のデータを組み合わせて抽出しているということです．たとえば，リン酸化量が刺激によって変動しているからといって，そのリン酸化されたタンパク質の活性が必ず変わるとは限りません．しかし，そこに他の情報（メタボローム）を加えることで，リン酸化の変動によってその代謝酵素活性が変動している可能性が高くなります．

(4) リン酸化された責任代謝酵素とインスリンをつなぐ（図 4.4D）

　上記で同定された酵素はどのようなシグナルを介して活性が制御（リン酸化）されているのでしょうか？　次に我々は，インスリンからリン酸化された責任代謝酵素をつなぐために，リン酸化された責任酵素をリン酸化する酵素として，NetPhorest と呼ばれる Web ベースのソフトを用いて「責任キナーゼ」を推定しました．リン酸化する酵素は，でたらめに下流分子をリン酸化するのではありません．もし，このようなでたらめなリン酸化制御が行われていれば，細胞は応答を制御できるはずがありません．つまり，この「リン酸化」という反応にも何かしらのルールがあります．

　そのすべてが明らかになっているわけではありませんが，リン酸化される相手側の「アミノ酸配列」がリン酸化反応の特異性に関与していることは間違いありません（**図 4.5**）．たとえば，このよ

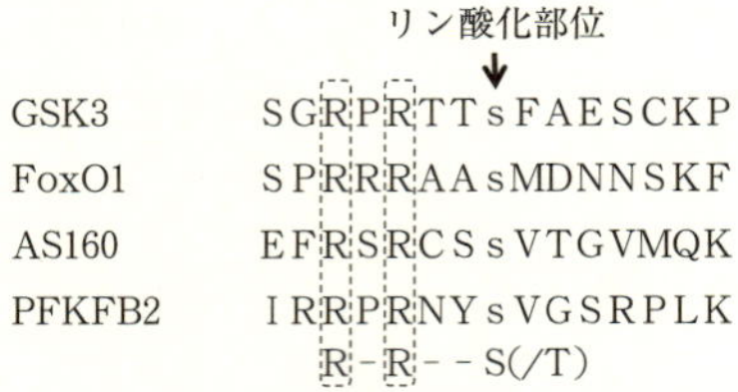

```
                    リン酸化部位
                      ↓
GSK3       SGRPRTTsFAESCKP
FoxO1      SPRRRAAsMDNNSKF
AS160      EFRSRCSsVTGVMQK
PFKFB2     IRRPRNYsVGSRPLK
           R-R--S(/T)
```

図 4.5　リン酸化酵素が認識する共通配列

例として AKT によってリン酸化されるアミノ酸部位を示す．小文字の s が AKT によってリン酸化される部位．AKT は R-R--S（または T）の配列の S をリン酸化する．ただし，常に「R-R--S」をもつ配列が AKT によってリン酸化されるわけではない．

うな制御関係は鍵と鍵穴のように特定の組み合わせが存在します．そこで，過去の数多くの実験から，どのような「リン酸化酵素」がどのような「アミノ酸配列」をリン酸化するか，という情報をもとに，ある「リン酸化酵素」が任意の「アミノ酸配列」をリン酸化する「確率」を計算することが考案されました．これが NetPhorest を含めたいくつかの「責任キナーゼ」を推定するソフトの概念です．ここで注意してほしいのは，これらのソフトが万能ではないことです．得られる結果はあくまで「推定」であり，その結果を保証するものではありません．また，生体内には数多くの「リン酸化酵素」がありますが，このような推定を行える「リン酸化酵素」は一部でしかありません（実験による情報の蓄積がまだまだ足りないのです）．

　もし，推定された「リン酸化酵素」が AKT や GSK3β，S6K といった有名な分子であれば，その後，入力刺激のインスリンまでリン酸化経路をつなぐことができます．この作業により，推定とはいえ，入力であるインスリンから出力である代謝物の変動までつなぐことができます．このようにして，インスリンから代謝物までのネットワークを推定しました．実際に推定されたネットワークにはす

でに報告のある経路もありましたし，報告のない未知の経路も同定されました．

(5) アロステリック制御の同定（図 4.4E）

最後に，代謝物によるアロステリック制御を考えました．アロステリック制御に関する情報は BRENDA と呼ばれるデータベースに含まれています．ここでは，アロステリック制御のすべてを取り上げてはいません．本研究では，分子の量の変動，つまりダイナミクスに注目しています．たとえある代謝物がアロステリック作用をもっていたとしても，その代謝物量が変動しなければ代謝酵素の活性には影響しません．そこで，変動した代謝物 44 個の中からアロステリック作用をもつ 35 個の分子に注目しました．そして，この 35 個の分子がアロステリックに作用する 226 個の代謝酵素（36 個が正に，190 個が負に作用）の制御を同定しました．

ここで注意してほしいのは，先にも説明したとおり，これがすべて正しいわけではないということです．この BRENDA に含まれている情報がすべて正しいとは限りませんし，ここに含まれていない未知のアロステリック作用もあるでしょう．たとえば，ある代謝酵素に対する同一の代謝物がアロステリック作用として正と負の作用をもつという矛盾した報告がいくつか含まれています．また，我々は 304 個のメタボロームを測定しましたが，これが細胞内にある代謝物すべてではありません．測定していない代謝物がアロステリック分子として作用している可能性も大いに考えられます．

このように我々は，リン酸化プロテオームとメタボロームのデータと 3 つのデータベースを用いることで，2 つの階層にまたがる複雑なシグナル経路のネットワークを同定することに成功しました（**図 4.6**）．この研究により初めて，実験データ（オームデータ）か

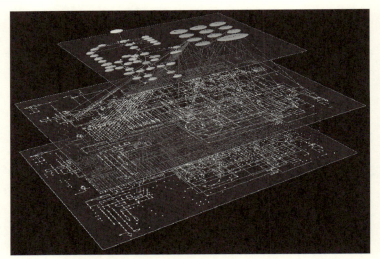

図 4.6　統合されたメタボロームとプロテオーム階層の全体像
上がシグナル伝達経路，真ん中が代謝酵素，下が代謝物の階層．同定されたネットワークは，44個の変動した代謝物質と26個のリン酸化が変動した代謝酵素，リン酸化が変動した代謝酵素をリン酸化する13個の責任酵素および35個のアロステリック分子からなることが明らかになった．

らインスリンによる代謝制御応答の大まかな全体像を明らかにすることに成功しました．

4.4.2　多階層にまたがるネットワークの推定からわかったこと

リン酸化プロテオームとメタボロームのデータにまたがるネットワークを推定し，何がわかったのでしょうか？

(1) 新規の制御ネットワークを同定した

推定されたネットワークには未知の制御がいくつか含まれていました．たとえば，インスリンはS6Kを介したPFKLの775番

目のセリンと呼ばれるアミノ酸のリン酸化を増加させることで,フルクトース-6-リン酸 (F6P) からフルクトース-1,6-ビスリン酸 (F1,6BP) の代謝反応を正に制御していることが示唆されました (図 4.4).

そこで次に,このリン酸化の機能を,実験で検証しました.その結果,PFKL の 775 番目のセリンがリン酸化されることで PFKL の活性化が増加することを実験でも確認しました.つまり,インスリンは PFKL の 775 番目のセリンをリン酸化することで PFKL の活性を増強させ,F6P から F1, 6BP へ(上流から下流へ)代謝を促進させていることがわかりました.

また,既知の報告も我々の解析で確認されました.たとえば,クエン酸と補酵素 A からオキサロ酢酸とアセチル CoA の反応を触媒することで脂質合成の起点となる酵素,ACLY のリン酸化が誘導されていることも確認されました.これにより,中心炭素代謝系から TCA に流れてきた炭素が脂質合成に流れていると考えられます.他にも,グリコーゲン合成酵素のリン酸化が誘導されていることも確認されました.これにより,取り込まれた糖はすぐにグリコーゲン合成にも利用されていると考えられました.これらの既知の経路の確認は,我々の方法が既知の経路を同定できるだけの信頼性があることを意味しています.

(2) インスリン刺激による代謝制御の全体像が見えてきた

上記で既知の経路の存在を確認したように,個別の現象に関していえば,我々が同定したネットワークの中にも過去に報告されたものが存在します.しかし,これらはいわゆる「個別」の研究で明らかになったものであり,それら個別の現象が同時に観測できるかは不明のままでした(先にも述べたとおり,過去の報告においては細

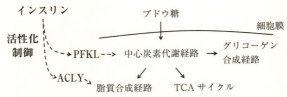

図 4.7 インスリンによる炭素代謝の全体像が見えてきた

インスリンは PFKL を介した中心炭素代謝や ACLY を介した脂質合成を介してグルコースを消費する．これにより血中からグルコースを取り込むのを促進していると考えられる．

胞種を含めた実験条件が異なります)．しかし，今回の我々のトランスオミクス解析により，これらのいくつかの経路，そして新規に同定した経路が，同時にかつ協調的に動いていることがわかりました．トランスオミクス解析により，今までパッチワークのように切り貼りしていたインスリンによる代謝制御という応答が，継ぎはぎのパッチワークではなく 1 枚の布として理解できるようになりました．繰り返しになりますが，これは細胞の全体像を理解する上で，小さなようで大きな一歩になります．

本研究で明らかになったインスリン作用の全体像を簡単にまとめます(**図 4.7**)．細胞に取り込まれたグルコースはインスリン刺激後，グリコーゲン合成酵素がリン酸化，活性化されることによりグリコーゲンに変換されます．同時に，今回新たに同定された PFKL がリン酸化されることにより，解糖系の応答を促進します．さらに，解糖系の促進によって増加した炭素を，ACLY のリン酸化を誘導することで活性化，脂質に変換します．この応答により，インスリンによる同化作用が増強され，細胞内のグルコース濃度が減少することで細胞外から糖（グルコース）が能動的に取り込まれます．このようなインスリン作用による代謝制御の全体像を，初めて同一の実験から明らかにすることができました．

4.4.3 トランスオミクス解析が意味するもの

このリン酸化プロテオームとメタボロームのデータにまたがるネットワークを推定する研究の成功により,「トランスオミクス解析」という可能性が大きく拓かれました.生命現象のすべては,多階層にまたがるネットワークによって制御されています.繰り返しになりますが,現在の生物学の研究は「興味ある現象」に注目した「個別の」研究でした.それぞれの現象が深く掘り下げられてきた半面,縦に掘り下げられた研究成果が他の研究とつながり,横に広がるには時間がかかっていました.しかし,このトランスオミクス解析によって,一気に研究を横に広げられる手法が現れたと考えています.つまりこの「トランスオミクス解析」は,今後の生物学の研究方法を大きく変える可能性を秘めていると考えられます.

4.5 トランスオミクス解析の今後

リン酸化プロテオームとメタボロームの階層をつなぐことができました.しかし,細胞の中にはまだ,DNA(ゲノム)やRNA(トランスクリプトーム),タンパク質の発現量(発現プロテオーム)など,データを取得しておらず,そのためまだつないでいない階層があります(図4.2).これら以外にも,「〜オーム」と呼ばれる階層は複数存在します.このように,つなげなくてはならない階層はまだまだ存在し,つなげることで初めて見えてくる生命現象は沢山存在すると期待されます.まだまだ不明な点は数多くありそうです.

他の階層のデータを取得していないと簡単にいいましたが,実はこれらのデータを取得することは非常に専門的であり,特殊な装置も必要で難しいものなのです.しかし,その将来性の高さから世界的にも複数のオームデータを取得し,生物学的知見を抽出する試

みが始められています．実際に2018年の時点で，私が所属する九州大学でもこのような試みが始まっています．私の正式な所属は「九州大学・生体防御医学研究所・トランスオミクス医学研究センター・統合オミクス分野」です（だいぶ長い所属名です）．このセンターは2013年に設立されました．トランスオミクス医学研究センターはその名のとおり，トランスオミクス研究を推進するために設立されたセンターです．このセンターには，ゲノミクス，エピゲノミクス，トランスクリプトミクス，プロテオミクス，メタボロミクスの最先端の技術と知識をもつ研究室が集っています．共通の目的をもって集った研究者たちとの議論は非常に有意義なものになります．たとえば，オームデータ測定のサンプル調整や解析手法など，我々だけでは十分に対処できないような条件検討などを効率的に進めることができています．同じ目的をもつ研究者同士の集まりは，有意義であると同時に心強くもあります．

　また，トランスオミクス解析の手法開発も始まったばかりです．たとえば，階層をつなぐ手法もまだまだ開発しなければなりません．上記で紹介した手法は，過去の知見（データベースなど）に頼った手法です．残念ながら生物学において，過去の知見は参考にはなるものの，絶対的に正しいものではありません．むしろ個人的な感覚としては，間違っている結果が他の分野と比較して多いと思います．そのような間違った知見が含まれたデータベースを使用した場合，さらに間違った結果を導いてしまう可能性があります．そこで現在，我々は統計的な手法を用いてデータ依存的に生物学的知見を得ようと考えています（後述）．

　このように，細胞を丸ごと理解する手法，トランスオミクス解析はまだまだ始まったばかりで，取り組んでいる研究者も少ないままです．私はトランスオミクス解析の将来性と有用性を信じて研究を

進め，開拓を行っていますが，その評価にはまだ10年近く必要だと思われます．トランスオミクス解析を用いた新しい領域の開拓には，まだまだ多くの研究者，特に異分野からの研究者の参入が必須だと考えています．

システム生物学の将来

 現在我々は,システム生物学の有用性と将来性を信じ,本書で述べたように研究を行っています.しかし,黎明期のシステム生物学においていくつもの課題が存在していることも確かです.以下に,私が考えるシステム生物学の将来,特にシステム生物学を発展させるための問題点などについて述べたいと思います.

5.1 数式を用いて生物を表現・理解するのは必然の流れ

 読者の皆さんも気がついているかもしれませんが,生物学は物理学や化学に比べて未成熟な分野です.たとえば,計測系の未熟さや観測対象(要素)の未同定が挙げられます.しかし,物理学や化学の歴史を鑑みるに,これはいずれの分野も通ってきた道です.逆にいえば,物理学や化学の歴史が通ってきた道はこれから生物学が通る道だとも考えられます.では,物理学や化学の通ってきた道はどんな道でしょう?

 わかりやすい例を挙げて説明してみます.天文学,特に太陽系に

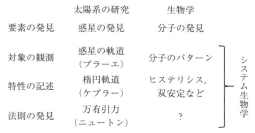

図 5.1　生物学のこれからたどる方向性？
太陽系のこれまでの歴史と比較したこれからの生物学がたどると考えられる方向性.

関する研究についての歴史を考えてみてください（**図 5.1**）．まず，天文学者により惑星などの太陽系を構成する星が発見されました（①要素の発見）．次に，ティコ・ブラーエらがその当時としては詳細な天体の観測を行い，その挙動（データ）を測定しました（②対象の観測）．そして，ヨハネス・ケプラーはこれらの観測データをもとに「ケプラーの3法則」を発見しました．これにより，惑星の挙動が記述されました（③系の特性の記述）．そしてご存知のとおり，このケプラーの法則をもとにアイザック・ニュートンは万有引力の法則を導き出しました（④法則の発見）．このように，簡単に述べれば太陽系をもとにした科学の歴史は，①要素の同定，②データの取得，③挙動の記述，④法則の発見，となります．

同じことが生物学にも当てはまると考えています．生物学にこの歴史を当てはめると，①細胞内に存在する分子の同定，②分子の挙動の測定，③分子間の関係性の記述，④生命現象における法則の発見，になると考えられます．通常の生物学は①と②を対象にしています．そして，システム生物学の対象は②〜④になります．しかし残念ながら，個人的には④の法則の発見にはまだ至っていないのではないかと考えています（それに近いものはあると思います）．ま

た，太陽系の研究において，海王星がシミュレーション（計算）から予測されたのと同様に，生物学においても分子の存在や挙動を予測することができます．このように，これまでの要素発見型の学問から理解型への過渡期にあるのがシステム生物学だと考えています．

また，生物の世界においても「ビッグデータ」と呼ばれる大量のデータが取得できるようになってきました．たとえば，先に説明したような「オームデータ」や「コホート研究」です．「オームデータ」は説明したとおりです．「コホート研究」とは，簡単にいえば，ある特定のヒトの集団を一定期間追跡し，集団の履歴（たとえば，病歴など）について研究することです．「コホート研究」は規模にもよりますが，数千～数万人を対象とした数年にわたる研究で，そこから得られるデータは膨大なものになります．そのため，このような研究においても数理的な解析は必須となっています．

上記のような理由から，少なくともここ数年のレベルではこの流れが加速していくと考えられます．その一方で，生物学における要素発見的な研究もまだしばらくは重要な位置を占めるでしょう．このように少し先が見えている現在だからこそ（少なくとも私はこのように生物学研究が進むと確信しています），その先を見越して，少し背伸びをしていると思っても，挑戦的に研究を進めていく必要があると考えています．このことは，何の領域においても第一線を開拓していきたいのであれば，重要なことだと思います．

5.2 実験データが重要

研究は大きく2つのパートに分けることができると思います．1つは実験データの取得と解析です．これらは基本的に客観的な結果です．もう1つは解釈です．解釈は仮説の生成であるとも考えられ

ます．通常，研究者は結果から仮説を立て，それに基づきさらに次の実験を行います．データの取得や解析と違い，ここには研究者の主観が多く含まれます．これにより，間違った仮説を導くこともあります（その場合は，実験で検証し，異なる仮説を立てなければなりません）．

解釈は研究者によって異なる場合があります．つまり，1つの結果に対して仮説が複数存在します．よって，科学にとって一番重要なのは仮説というより，むしろ結果（実験データ）であると私は考えています．このため，研究者は実験データに対して正直かつ謙虚であるべきで，昔から今現在まで時たま世間を騒がせる「捏造」などは問題外です．

実験データは共通の財産です．ティコ・ブラーエらが天体の詳細なデータを取得し，ヨハネス・ケプラーがこれをもとに「ケプラーの3法則」を提唱しました．また，研究者が取得したデータや結果はデータベースとしても保存されています．第4章で説明したとおり，良いデータというものはその後の研究においても有用となります．

5.3 統計的手法を用いた研究方法

生物の研究で「統計」と聞くと驚く人もいるかもしれません．しかし，研究分野を問わず，実験データと統計解析は切っても切れない関係です．たとえば，上記で説明した「ビッグデータ」から重要な「結果」を抽出するには，その「結果」が偶然の産物では困ります．そこで，「統計的に」その結果がどの程度の確率で得られる結果なのかを推定する必要があります．

さらに，第4章でも述べたとおり，過去の知見は絶対的に信用できるものではありません．この解決策の1つとして現在我々が考え

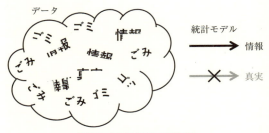

図 5.2　統計モデルの概念図
大量の無関係な情報（ゴミ・ごみ）を含むデータから，データに含まれている情報を統計モデルによって抽出する．不十分・含まれていない情報（真実）を抽出することはできない．

ているのが，統計的な手法の活用です．一般的に統計的手法では多くの実験データが必要となります．そこで，過去の知見と統計的手法を融合させた手法など，新たな解析手法も開発しています．

また近年，統計モデルと呼ばれる数式を用いたモデルによる解析も行われ始めています．統計モデルとはデータを説明するためのモデルであり，制御関係などを推定できる場合があります．注意してほしいのは，統計モデルはあくまでも「データに含まれている情報を抽出する」だけです（**図 5.2**）．データに含まれていること以上の情報，または含まれていても不十分な情報は（基本的に）教えてくれません．これが，統計モデルにおいて一般的にデータ数がたくさん必要な理由であり，どの程度データがあれば十分かが不明な理由です．たとえ少ないデータ数であっても，そこに自分が知りたい情報が含まれていればそれで十分です．その一方で，膨大な情報を手に入れたとしても，自分が知りたい情報が含まれていなければ，情報を抽出することはできません．これが，ビッグデータを扱う上で難しい点の1つです．

統計モデルの例として，Excelなどを用いた近似曲線を考えてみ

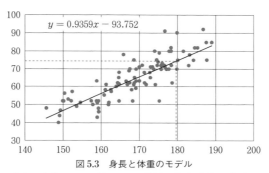

図 5.3 身長と体重のモデル

点がデータで線が 1 次式による回帰モデル．横軸が身長，縦軸が体重．たとえば，身長 180 cm の人の体重は 74.7 kg と推定される（点線）．

ましょう．身長と体重の関係性を考えた場合，図 5.3 のデータのように身長と体重に何かしらの関係性があると思われます．この関係性を式で表現しようとした場合，線形近似（直線による近似）が良いと思われます．この 1 次式が統計モデル（回帰モデル）となります．この結果，身長と体重の間には線形の関係性がある程度存在することがわかります．逆に，このモデルを用いることで，身長しかわからない人のデータから体重を推定することができます（逆も可能です）．

ここで我々の研究ではないですが（同様の手法を用いて研究は行っています），統計モデルの例を 1 つ説明したいと思います（参考文献 5）．この論文は，partial least square (PLS) と呼ばれる統計モデルを用いてアポトーシスと呼ばれる細胞死を予測した研究についてのものです．詳細は説明しませんが，PLS は上記で説明した回帰モデルの 1 つです．細胞は，ある刺激によって細胞死が誘導されたり，生存のシグナルが活性化されたりします．それでは，これらの両方のシグナルが入った場合はどうなるのでしょうか？ この細胞の生死の細胞内における情報処理を明らかにすることを目的に実

験が行われました.

取得したデータの中に細胞の生死を処理する情報が十分に含まれていれば, 統計モデルによってその情報を引き出せる可能性があります. その一方で, 取得したデータ内に十分な情報がなければ, 生死を精度良く推定することはできません (できたとしたら, それは偶然のはずです). そこで論文の著者らは 11 分子の異なる刺激や異なる刺激時間など 7980 のデータを取得しました. 細胞死の情報を同様に 1440 のデータを用いて評価しました. これらのデータをもとに著者らは, PLS を用いて精度良く細胞の生死を推定できるモデルを作成することに成功しました. さらに, 彼らのモデルはモデルの作成に使用しなかった薬剤による阻害効果も推定することができました. つまり, 彼らが取得したデータに細胞の生死にかかわる情報が十分に含まれていたのでした.

彼らはさらに, 得られたモデルのパラメータから分子の関係性, つまり制御関係を推定し, 既知の制御のみならず, 未知の制御関係も推定しました. この未知の制御関係は後の論文において生物実験によって確認され, その予測が正しいことを明らかにしました.

5.4 システムの理解の次は予測と制御

システム生物学の目的は, 生物をシステムとして理解することです. そのために数学を用いてモデルを作成しますが, モデルを作成する大きなメリットが 1 つあります. それは「予測ができる」ということです. 予測とは分子の存在の予測だけではありません. たとえば実験では行っていない刺激を与え, その挙動を予測することも含まれます. モデルの作成に使用していない実験条件の予測は難しいことです. しかし, 一度良いモデルができたならそれも不可能ではなく, その応用範囲は格段に広がります.

身近な例でいえば，車の衝突実験が良い例になります．車の衝突実験は搭乗者の生命を守るために重要な実験です．しかし，実際にはさまざまな衝突の可能性があり，それをすべて実車で実験を行うには非常にコストがかかります．そこで，車のモデルを作り，コンピュータ上で衝突実験を行うのです．必要なら実車で確認を行います．

　生命現象における予測は，たとえば「創薬」があります．もし，我々の作成したAKT経路のモデルにおいて，阻害剤（薬剤）に対する目標分子の挙動（効果）が予測できれば，創薬のコストを下げられます．現在，世界的にもこのような取り組みが始まっています．

　また，ご存知の方も多いと思いますが，現在，遺伝子診断により特定の疾患の罹患率が予測できます．たとえば，BRCA1と呼ばれる遺伝子に変異をもつ人では，70歳までに乳がんになる確率は60％程度だと報告があります．現在の予防法としては乳房の切除しかありません．有名な人ですと，2013年にアメリカの女優アンジェリーナ・ジョリーさんが予防目的で乳房を切除しました．女性にとっては「確率60％程度の乳がんの可能性」と「乳房切除」を天秤にかけ，どちらをとるのか決めることは難しい選択だと思います（**図5.4**）．しかし，もし，他のデータを加えることで良いモデルが作成でき，この確率が99％になったらどうでしょう？　このように，良いモデルが作成できたならその恩恵は非常に大きいものとなります．

　そして，予測の次にくるのが「制御」です（図5.4）．疾病において「制御」とは，疾病の「治療」や「予防」にほかなりません．乳がんの例でいえば，乳がんの確率が高くとも，モデルをもとにその確率を下げるパラメータを推定することができます．もし，そのパ

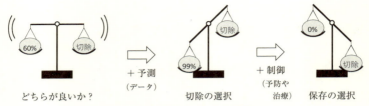

図5.4 モデルによる病気に対する予測と制御のイメージ
BRCA1 による乳がんの罹患率の予測は 60%．他のデータを加えることで良いモデルが作成でき，予測率が良くなればより確かな選択ができる．さらに，モデルをもとに制御が可能になれば予防や治療へとつなげることができる．

ラメータを薬でコントロールできる，または将来的には遺伝子治療ができるようになれば，たとえ予測で乳がんになる確率が高かろうと，「予防」できると考えられます．疾病への応用は一例であり，農学などの他分野への応用も期待されます．このように，数理モデルを用いたシステムの「理解」は，「予測」そして「制御」への第一歩になると考えられます．

5.5 生物学のための数学？

数学と物理学は極論すれば二人三脚で発達してきたといっても過言ではありません（少なくとも私はそのように認識しています）．つまり，現在の数学は物理学に密接に関係しています．それでは，この数学で生物現象を適切に説明できるのでしょうか？ 現在のところ，それはうまくいっていると思えます．しかし同時に，適切ではないようにも感じています（**図 5.5**）．

読者の皆さんは「生命現象も分子に落とし込めば単なる物理現象ではないか？」と思われるかもしれません．たしかに微視的視点で理解しようとすればそうです．しかし，もう少し巨視的な視点での理解には違った理解のしかたがあるのではないかと思えるのです．

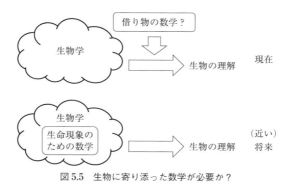

図 5.5　生物に寄り添った数学が必要か？
現在の生物を理解するための数学は，物理現象などの理解のための「借り物」の数学である．近い将来，数学を生物学に取り込んだ，生命現象のための数学が必要だと考えている．

　ここで少し実験誤差について述べたいと思います．前述したとおり，実験誤差には測定誤差と実験対象がもつ誤差があります．測定誤差とは，測定する作業に起因する誤差や機器による誤差です．もちろんこれはできる限り排除したい誤差です．生物実験においては，これが非常に大きな問題となります．たとえば，一般的な実験室で行われているRNAとタンパク質量の定量について考えてみましょう．比較的定量性があると考えられるqPCRを用いたRNA量の定量でも変動係数CVは数%程度，WBを用いたタンパク質の定量では（分子によって異なりますが）10%程度にもなります．変動係数CVは標準偏差（SD）を平均値で割った値であり，シグナルの大きさに対してSDが何%になるかを示した値です．

　対象としては極端になりますが，2017年にノーベル賞を受賞した重力波の測定について考えてみましょう．重力波は理論的に，地球と太陽の間の距離に対して原子1個分程度というわずかなゆがみしか生じさせません．つまり，重力波を検出したLIGOのシステ

ムはこんなに小さいゆがみを検出できるということです．このように，生物における実験誤差は物理学などのそれらと比べ，非常に大きい実験系だと考えられます（もちろん，生物においても分野に依存して異なりますが）．

たとえ実験誤差から測定誤差を除いたとしても，実験対象がもつ誤差が残ります．細胞などの応答を考えた時，細胞などがもつ誤差は大きいものとなります（1細胞のERKの例で示しました）．興味深いことに細胞（生命）はこの「誤差」または「ゆらぎ」も利用していると考えられています．たとえば，細胞内の物質の輸送にかかわるタンパク質は，その移動にブラウン運動のエネルギーを利用しているとの報告があります．

また，細胞分裂におけるDNAの複製に関しては自分自身のDNAを厳密に複製しようとする一方で，ある程度の曖昧さを残し，長期的には生物の進化を惹起することで生存競争や環境適応を達成していると考えられています．しかしその一方で，たとえ細胞ごとの誤差が存在しても，臓器のように多くの細胞が協調して目的を達成することもできます．つまり，このような誤差が存在しても，個体としてのシステムは成り立っているのです．

このように，生物の応答は自然現象のように厳密な応答ではなく，「ゆらぎ」や「曖昧さ」といった通常は回避されるべき現象をもっています．生物はこれらを巧みに利用しつつ，さらにはこれらを含めて制御しているのです．私は，応答の誤差が存在し，その誤差も利用するような枠組みの生命現象を理解するには，誤差を利用する特性を考慮した「生命現象を理解するための数学的な枠組み」が必要なのではないかと強く考えています．残念ながら，すでに頭が固くなってしまった我々には，このような「新たな数学的な枠組み」を開拓するのは難しいように思います．本書を手にとった若い

研究者にぜひ取り組んでほしい課題です．また逆に，このような生命的な制御の仕組みが，今までと異なる人工的なシステムなどの制御にも応用できるのではないかと考えています．

5.6 読者の皆さんへ

ここまでを読んで，システム生物学に対する有用性・将来性を感じていただけたのではないでしょうか．システム生物学は分子生物学のように，生命現象を理解するための「手段」だと考えています．分子生物学が当たり前の「手段」になったように，システム生物学も当たり前の，多くの生物学者が使える「手段」になってほしいと思います．その一方で，この「手段」はまだまだ発展途上であり，手段の開発と改良には時間がかかることでしょう．特に手段の開発には，多くの学際的な知識が必要となります．先に述べた数学も一例ですが，工学的な考え方も重要です．今後のシステム生物学の発展には，分野の垣根を超えた研究者の参画が必要不可欠なのです．

生物を教育的背景とする読者の皆さんへ．生物学にとっても数理解析は避けて通れない道になると思います．これまでに私がシステム生物学者として生物を専門とする多くの研究者と話して思ったことは，「数学への拒否感が強い」ということです．手段として使うなら，それほど難しい技術ではありません．学生などの若い研究者の方は積極的に取り入れようとしています．皆さん，思い切って飛び込んでみてください．

生物以外を教育的背景とする読者の皆さんへ．生物学における数理解析はまだまだ発展途上の段階です．研究対象は山のようにあります．生命現象を数理的に理解する「手段」も数が少なく，他の分野からの借り物のままです．生物のデータは誤差が多く，いわゆる

汚いデータですが，それをなんとか改善しようとしている研究者も数多くいます（将来に向けて定量性を意識している計測系の研究者と多くのことを議論してきました）．ぜひ，一緒にこの分野を盛り上げていってほしいと思います．

　高校生以下の皆さんへ．現在の生物学においては，生命現象に興味があるからといって他の分野を勉強しなくても良いというわけではありません．むしろ，生命現象に興味があるからこそ，生命現象を当たり前のものと思わないために，その対象として他の分野を知っておくということも重要になります．ぜひ，広い視野を身につけてください．また，現在，生命現象に興味のない皆さんにも，生物学には他分野の知識が重要であることを感じてもらえたと思います．これを心の片隅に置いて，生物以外の分野に進んだとしても，そこで学んだ「手段」を用いれば生命現象の理解につながるということを覚えておいていただきたいと思います．

参考文献

1. Fujita, K., Toyoshima, Y., Uda, S., Ozaki, Y., Kubota, H., Kuroda, S. (2010) Decoupling of receptor and downstream signals in the Akt pathway by its low-pass filter characteristics. *Sci. Signal.*, **3**, ra56.
2. Sasagawa, S., Ozaki, Y., Fujita, K., Kuroda, S. (2005) Prediction and validation of the distinct dynamics of transient and sustained ERK activation. *Nat. Cell. Biol.*, **7**, 365-373.
3. Kubota, H., Noguchi, R., Toyoshima, Y., Ozaki, Y., Uda, S., Watanabe, K., Ogawa, W., Kuroda, S. (2012) Temporal coding of insulin action through multiplexing of the AKT Pathway. *Mol. Cell*, **46**, 820-832.
4. Yugi, K., Kubota, H., *et al.* (2014) Reconstruction of insulin signal flow from phosphoproteome and metabolome data. *Cell Reports*, **4**, 1171-1183.
5. Janes, K.A., Albeck, J.G., Gaudet, S., Sorger, P.K., Lauffenburger, D.A., Yaffe, M.B. (2005) A systems model of signaling identifies a molecular basis set for cytokine-induced apoptosis. *Science*, **310**, 1646-1653.

謝　辞

　私の研究人生は，学部4年生の時に久永真一先生の門を叩いたことから始まりました．私の稚拙な質問に対して快くご説明いただいたことを，今でも鮮明に覚えています．この経験は，私に研究，そして生物学の不思議さ，面白さを最初に教えてくれました．私が研究の道に引き込まれていったのは，修士・博士課程で在籍した榊佳之先生の研究室でした．榊佳之先生と私を直接ご指導くださった伊藤隆司先生から，研究の考え方，進め方，難しさを学ぶことができました．ここでの研究が，私の研究人生の基礎のすべてを形作ってくれました．そして，職業としての研究者を自覚し，研究を行ったのが黒田真也先生の研究室でした．黒田先生の研究室ではシステム生物学の考え方を学んだのみならず，一歩引いて見た「実験」ではなく「研究」レベルでの進め方を学びました（黒田先生は「戦術」レベルでの「個別研究」と，「戦略」レベルでの「研究室レベルでの研究」を意識しておられます）．いうまでもなく，ここで記載したシステム生物学の考え方のほとんどは黒田先生の研究室で得たものです．このような研究室で一緒に研究を行った多くの研究者や技術補佐員の方々のおかげで今の私があります．この場をお借りして心より御礼申し上げます．また，このような執筆の機会を与えてくださった巌佐庸先生ならびに共立出版の山内千尋様に御礼申し上げます．

時間パターンとネットワークの分子生物学

コーディネーター　巌佐　庸

　大学の学部レベルの物理学では，力学から始まり，電磁気学，熱力学，統計力学，量子力学などを一通り教える．これらの内容は半世紀前とほとんど変わっていない．同じように，化学も数学も，学部の教科書はほぼ同じである．研究の上では次々と新しいことが発見されているけれども，それらの学問の基礎は，20世紀中頃までに確立していた．

　しかし生物学は全く違う．50年ほど前，1970年前後の分子生物学においては，コドン表が完成し生命の基本はわかってしまったのであとは応用だけだとの主張さえ聞いた．その頃の主な研究材料は，バクテリアやファージなど，ゲノムの小さな生物であった．動物や植物や酵母のような真核生物では，遺伝子はひとかたまりではなくいくつかに分かれてコードされていて，RNAを作ってから途中を取り除くスプライシングが行われるということさえ，はっきりしたのはずっと後のことだ．

　それから10年ほどして，生命機能を担う重要な分子が続々と見つかってきた．私が大学院生の時，同じ教室で細胞の接着を担うカドヘリンが発見されたというニュースを受けた時の衝撃を覚えている．組織によって異なるカドヘリンがあり，細胞間での接着をもたらすことにより，組織の構築と維持がなされている．神秘的にさえ思えた細胞の振る舞いが，分子が見つかることでよくわかるようになるのだ．その後，発生でのオーガナイザーとか位置情報といわれ

ていたものの実体も明らかになってきた．爆発的な分子生物学の進歩のおかげで今では，1細胞から分裂と細胞分化と組織形成によって複雑な形が自律的に作り出される発生現象が，基本についてはよく理解できるようになった．

　生命現象は結局のところ，タンパク質や核酸などの非常に多種類の分子が相互作用をすることによって成し遂げられる．とすれば，まずはそれぞれの機能を担う重要な分子を捉えることで理解が格段に進む．ある遺伝子を壊したり発現量を増やしたりといった操作によってどのような異常が生じるかを見ることで相互作用がわかり，どのような順序関係で物事が生じているかも理解できる．このようなアプローチによって，細胞の分裂とその制御，環境への応答，多様な病原体をきちんと記憶して戦う免疫などの現象も，少なくとも基本はよく理解できるようになった．これは分子生物学の大成功といって良い．

　著者の久保田浩行さんは，これらのアプローチを「通常の生物学」と呼び，第1章において実験手法も含めてわかりやすく説明している．第2章では，これと対比させてシステム生物学という分野を紹介する．久保田さんは，システム生物学に出会い，どのような思いをもってその素晴らしさに惹かれたのか，自らの経験を通じて語っている．

　システム生物学では，工学的な用語をふんだんに使用する．システムやネットワークは当然だが，パーツ，配線，制御，波形，応答，微分器などがある．ちぐはぐなフィードフォワードループなどというのもある．システム生物学では，これらを駆使して細胞の振る舞いを理解し，最終的には，微分方程式を代表とする数理モデルが役立つことを示していく．

　本書で中心的に紹介されるシステム生物学は，通常の分子生物学

とは2つの点で違いがある．その第1は時間パターンに注目した解析であり，第2は多数の要素が互いに相互作用し合って全体として機能を果たすネットワークの解析である．

　ある遺伝子を壊すと状態がAになり，別の遺伝子を壊すとBになり……といった時，たいていは最終的な定常状態を考えている．一時的に増えるがその後低下するとか，ゆっくりと増大していく，といった時間パターンについては，これまではそれほど注目されてこなかった．

　最近はテレビの健康番組で，食後の血糖値が急激に上がってその後収まるとしても血糖値のピークを抑えることが健康に重要だとか，明け方に血圧が高くなることが危険，といった時間パターンに関する情報が多量に流れるようになった．だから最終状態だけでなく，時間パターンも重要だと知っている読者の方は多いだろう．

　時間パターンに注目するとなると，さまざまな物質の量を定量的に測定する必要がある．加えて，時間とともにどのように増減するのかも知らなければならない．あるものを壊すとどんな影響が出るかといった定性的な情報だけでは不十分なのだ．

　異なる時間パターンを作り出す仕組みは，少数の要素が組み合わさった「ネットワークモチーフ」によって可能になる．たとえば，AとBとCの3つの要素を含む場合を考えてみよう．AがBを促進し，BがCを抑制するとする．これらに加えてAがCを直接に促進するとしよう．この時，AがCに及ぼす効果は直接には促進だが，Bを介すると抑制になる．これら2つの影響は互いに矛盾するように思える．もし直接の効果が素早く働き，Bを介した間接的効果は時間がかかるとすると，Aの増大は一時的にはCの増大を促し，その後でCの抑制をもたらすという時間パターンを作り出すことになる．第2章では，フィードフォワードループとか，トグ

ルスイッチといった反応系のモチーフの機能説明がなされている.

また,時間的なパターンが重要だとすると,生物はそれを区別して異なる応答をするはずだ.第3章で,久保田さんは血糖値の制御に重要な働きをするインスリンというホルモンの例でそのことを示している.この章は,久保田さん自身の研究を例にとった,システム生物学研究の優れた入門になっている.新しい実験に取り組む時に,慎重に研究材料を選び,実験データを取得し,モデルを作成し,データに合わせてさらにモデルを改訂し……という手順が具体的に説明されている.その結果,細胞が同じシグナル物質に対していくつかの異なる反応を示す時,それぞれが時間変動の異なる成分に対応しているのだとする解釈に至る.遺伝子やタンパク質や細胞の名前を示す略号が多数出てきて生命科学に慣れない読者の方は戸惑うかもしれないが,研究の面白さを伝えたいとする著者の意欲をまず感じとってほしい.

細胞が他からシグナルを受けて,移動するとか別の細胞に分化するとか細胞分裂をするといった,さまざまな応答をすることがある.それがどのように生じるかを決めるシステムにも,しばしば100を超えるタンパク質が関与している.それらの間には,あるものが次のものを促進し,それがさらに次のものを抑制し……という相互作用がある.要素を丸,相互作用を矢印で書いてみると,それは有向グラフと呼ばれるネットワークとして表示できる.生物の細胞については,過去数十年間で多数の分子生物学者が調べ上げてきた.その結果,一見簡単に見える現象でもそこに数多くの要素が関与することがわかり,それらの間の相互作用を描くだけで蜘蛛の巣のように複雑になってしまう.

遺伝子の間の制御ネットワークといっても,実際には遺伝子はタンパク質をコードしているのだから,遺伝子が発現して作られた

タンパク質同士が相互作用していると表すこともできよう．タンパク質の一部は，酵素として他の物質「代謝産物」を別のものに変換する働きをしている．すると，遺伝子（DNA），RNA，タンパク質，代謝産物というものが互いに結びつくネットワークを描かねばならない．

　これら全部を 1 枚の図に描くとややこしすぎる．そこで，多数の遺伝子を含む層，多数のタンパク質の層，多数の代謝産物の層，と別々に描いておいて，異なる層の間で作用や相互作用があるというふうに示すと見やすくなる（第 4 章）．

　それにしてもあまりにも複雑なのではないか．もっと簡単にはならないものか．それは無理なのかもしれない．このことを考えるために，異なるシステムとして自動車を考えてみよう．自動車は限られた燃料で安全かつ快適に人を運ぶために特化して作られている．その意味では自動車とは何かを理解するのは簡単だ．また，このペダルを踏めば加速し，このレバーを引けば止まるといった，少数のことを頭に入れておけば運転ができる．しかしいったんボンネットを開けてみると，自動車はエンジンやラジエータなど多数の部分から成り立っていることがわかる．その 1 つ 1 つについて分解してみると，ビスとか板とかゴムといったとてつもない数の部品で作られている．もしそれらのすべてと互いの関係を図面に描きこむとするなら，1 枚には収まりそうもない．

　自動車は人工物なのだから，人間に理解できないものが含まれているわけではない．1 つ 1 つの部品は，物理学の基本法則に従うものを工夫して組み合わせることで作りあげられ，しかるべき性能を満たすものを選んで組み立てられて，できあがっているのだ．しかし自動車を運転するのに，その部品のすみずみに至るまで理解する必要はない．手に負えない時は工場に持っていけば修理してもらえ

る.

　このアナロジーでいうと，生物個体だって，それどころかその細胞1つだって，非常に複雑なシステムにならざるを得ないと推測できる．細胞も個体も，部品の1つ1つは比較的単純な生物学法則に従うもので，よく理解できる．そして，非常に多数の種類の部品が組み合わさっていると考えられよう．生きている細胞は，自動車よりもはるかに複雑であってもおかしくない．

　少数の「自動車の法則」が存在しないように，「細胞を理解する法則」は存在しないのだろう．自動車が道路上で効率良く走ることさえ知っておけば運転できる．それと同じように，細胞や生物個体を理解する生物学は，全体の機能もしくはデザインと，個々の部品を作る時の基本的な原理，加えて組み合わせる時の工夫，これらをある程度頭に入れて全体を見れば，細胞や生物個体がどう働くかを理解できたことになるのかもしれない．

　本書の最後で久保田さんは，これからは生物学や生命科学において，数学の役割が重要になるという．

　より幅広く生物学を見渡すと，以前から数学が重要な役割を果たすようになっている諸分野がある．たとえば，生態学や進化学がそうである．進化の研究を学ぶには，突然変異の広がりの確率過程や，2種類の生物からとったDNAの配列比較により過去を復元するアルゴリズムなどを知っておかないといけない．生態学においても，個体数の増加や停止，複数種の共存，感染症の広がり，種の絶滅などの基本の数理を最低限知っておく必要がある．動物行動学では，利害の違う個体がそれぞれに自らの最適挙動を選ぶ時に実現する状態を考えるゲーム理論は分野の基本である．これらの数理モデルを知らないと，それぞれの分野で何が問題になっているのかもわからない．他方，定量的計測，時系列解析などのデータ解析や，数

理モデルのデータへのフィッティング方法，モデルの選択手法なども整備されている．

　脳神経科学においても，神経細胞の興奮を理解し情報がシグナルとして伝わるメカニズムを知るには，ホジキン・ハックスレー方程式が欠かせない．さらには，私たちの体内時計の研究がある．外からの刺激に応じて位相がシフトするさまを表示した位相反応曲線，リズムの分離を理解するための複数振動子モデルなどは，リズムを作り出す遺伝子が見つかるずっと以前から使われてきた．

　もっと細かいレベルでは，タンパク質や核酸などの高分子が特定の立体構造をとることで機能を果たすプロセスの研究や，モータタンパク質が力を出して鞭毛が回転し，筋肉が収縮し，細胞内で物が輸送される仕組みを理解するのは，生物物理学と呼ばれる分野である．物理学と近いこともあり，数理モデルの使用は随分前から確立している．

　しかし生命科学の大部分を占める分野——代謝，発生，免疫，環境適応などの研究分野では，タンパク質や遺伝子を探索することが，長らく最も有効な研究方法だった．著者の久保田さんは，これらの分野でも，今後は定量的計測と統計解析，そして数理モデリングが重要なアプローチになるだろうという．

　これからの生物学はすべての分野において，数学やコンピュータが得意な高校生にとって魅力ある研究分野になるのかもしれない．

索 引

【欧字】

AKT　71,85,99,105
AKT 経路　38
cFFL　47
DNA　1,7
EC_{50}　90,103
ERK　38,51,83
iFFL　47,51,56,93
KEGG　112
n 次応答　44,58
PCR 法　12,86
PFBL　55,57,60
RNA　1,15

【あ】

アロステリック制御　116,119
イーストツーハイブリッド　19
遺伝子　3,8
遺伝子診断　133
インスリン　3,65,110
ウェスタンブロッティング（WB）　74,86

【か】

ゲノム　110
原核生物　15
酵母　10
コホート研究　128

【さ】

サンプリング定理　73
シグナル伝達　5
シグナル伝達経路　31,38
システム生物学　25
次世代シークエンサー　16,101
実験誤差　76,135
時定数　42,91,102
シミュレーション　28,41
真核生物　15
スイッチ応答　44,57
数理モデル　27
ステップ刺激　38,51
正のフィードバック　116
染色体　9

【た】

代謝物　2
タンパク質　2
データベース　112
転写因子　6,20
統計モデル　130
トグルスイッチ　45
トランスオミクス解析　110
トランスクリプトーム　110

【な】

ネガティブフィードバックループ
　（NFBL）　48,55-57,60

ネットワーク　54
ネットワーク構造　35,81,88
ネットワークモチーフ　46

【は】

バイオインフォマティクス　28
培養細胞　31,70
パラメータ　81,89,132
パルス刺激　38
ビッグデータ　128
微分器　47,50
微分方程式　32
微分方程式モデル　40,72,77,88,90
ヒル係数　44
ヒル式　44
フィードバック制御　55
フィードフォワード制御（FF）　37,52,93

フィードフォワードループ（FFL）　47
フーリエ変換　41
負のフィードバック　116
プロテオーム　110
ホルモン　63

【ま】

マイクロアレイ　16
メタボローム　110
漏れ積分回路　54

【ら】

ランプ刺激　38
履歴効果　58
（タンパク質の）リン酸化　5
連鎖解析　8
ローパスフィルタ　41,93

著 者

久保田　浩行（くぼた ひろゆき）

2001年　東京大学理学系研究科生物化学専攻博士課程修了

現　　在　九州大学生体防御医学研究所附属トランスオミクス医学研究センター
　　　　　統合オミクス分野 教授，博士（理学）

専　　門　システム生物学

コーディネーター

巌佐　庸（いわさ よう）

1980年　京都大学大学院理学研究科博士課程修了

現　　在　関西学院大学理工学部 教授，理学博士

専　　門　数理生物学

共立スマートセレクション 27	著　者　久保田浩行　　© 2018
Kyoritsu Smart Selection 27	コーディネーター　巌佐　庸
生物をシステムとして理解する	発行者　南條光章
―細胞とラジオは同じ!?―	発行所　**共立出版株式会社**
Understand the Organisms as a System	郵便番号　112-0006 東京都文京区小日向 4-6-19 電話　03-3947-2511（代表） 振替口座　00110-2-57035 http://www.kyoritsu-pub.co.jp/
2018年7月15日　初版1刷発行	印　刷　大日本法令印刷 製　本　加藤製本
検印廃止 NDC 467.3, 461.9, 464	一般社団法人 　　　　　自然科学書協会 　　　　　会員
ISBN 978-4-320-00927-1	Printed in Japan

JCOPY ＜出版者著作権管理機構委託出版物＞

本書の無断複製は著作権法上での例外を除き禁じられています．複製される場合は，そのつど事前に，出版者著作権管理機構（ＴＥＬ：03-3513-6969，ＦＡＸ：03-3513-6979，e-mail：info@jcopy.or.jp）の許諾を得てください．

共立スマートセレクション

❶ 海の生き物はなぜ多様な性を示すのか 数学で解き明かす謎
山口 幸著／コーディネーター：巌佐 庸

❷ 宇宙食 人間は宇宙で何を食べてきたのか
田島 眞著／コーディネーター：西成勝好

❸ 次世代ものづくりのための電気・機械一体モデル
長松昌男著／コーディネーター：萩原一郎

❹ 現代乳酸菌科学 未病・予防医学への挑戦
杉山政則著／コーディネーター：矢嶋信浩

❺ オーストラリアの荒野によみがえる原始生命
杉谷健一郎著／コーディネーター：掛川 武

❻ 行動情報処理 自動運転システムとの共生を目指して
武田一哉著／コーディネーター：土井美和子

❼ サイバーセキュリティ入門 私たちを取り巻く光と闇
猪俣敦夫著／コーディネーター：井上克郎

❽ ウナギの保全生態学
海部健三著／コーディネーター：鷲谷いづみ

❾ ICT未来予想図 自動運転, 知能化都市, ロボット実装に向けて
土井美和子著／コーディネーター：原 隆浩

❿ 美の起源 アートの行動生物学
渡辺 茂著／コーディネーター：長谷川寿一

⓫ インタフェースデバイスのつくりかた その仕組みと勘どころ
福本雅朗著／コーディネーター：土井美和子

⓬ 現代暗号のしくみ 共通鍵暗号, 公開鍵暗号から高機能暗号まで
中西 透著／コーディネーター：井上克郎

⓭ 昆虫の行動の仕組み 小さな脳による制御とロボットへの応用
山脇兆史著／コーディネーター：巌佐 庸

⓮ まちぶせるクモ 網上の10秒間の攻防
中田兼介著／コーディネーター：辻 和希

⓯ 無線ネットワークシステムのしくみ IoTを支える基盤技術
塚本和也著／コーディネーター：尾家祐二

⓰ ベクションとは何だ!?
妹尾武治著／コーディネーター：鈴木宏昭

⓱ シュメール人の数学 粘土板に刻まれた古の数学を読む
室井和男著／コーディネーター：中村 滋

⓲ 生態学と化学物質とリスク評価
加茂将史著／コーディネーター：巌佐 庸

⓳ キノコとカビの生態学 枯れ木の中は戦国時代
深澤 遊著／コーディネーター：大園享司

⓴ ビッグデータ解析の現状と未来 Hadoop, NoSQL, 深層学習からオープンデータまで
原 隆浩著／コーディネーター：喜連川 優

㉑ カメムシの母が子に伝える共生細菌 必須相利共生の多様性と進化
細川貴弘著／コーディネーター：辻 和希

㉒ 感染症に挑む 創薬する微生物 放線菌
杉山政則著／コーディネーター：高橋洋子

㉓ 生物多様性の多様性
森 章著／コーディネーター：甲山隆司

㉔ 溺れる魚, 空飛ぶ魚, 消えゆく魚 モンスーンアジア淡水魚探訪
鹿野雄一著／コーディネーター：高村典子

㉕ チョウの生態「学」始末
渡辺 守著／コーディネーター：巌佐 庸

㉖ インターネット, 7つの疑問 数理から理解するその仕組み
大﨑博之著／コーディネーター：尾家祐二

㉗ 生物をシステムとして理解する 細胞とラジオは同じ!?
久保田浩行著／コーディネーター：巌佐 庸

以下続刊

【各巻：B6判・本体価格1600円〜1800円】

http://www.kyoritsu-pub.co.jp/　共立出版　(価格は変更される場合がございます)